海洋建築の計画・設計事例

Examples of

Planning and Design of Oceanic Architecture

日本建築学会

序

　海洋建築委員会は，計画・構造・環境・材料施工の各分野が一体となった総合系の委員会であり，委員会活動の一つに設計指針の策定がある．これまでに「海洋建築物構造設計指針（固定式）・同解説」(1985)，「海洋建築物構造設計指針（浮遊式）・同解説」(1990)，「海洋建築計画指針」(1988) の3冊の計画・設計指針を出版してきたが，海洋空間利用の変化と海洋環境問題への意識の高まりに伴い，指針改定の必要性が高まっていた．こうした状況のもとで，2010年度から指針改定を目的として，小委員会の体制を整備し，従来の3冊の計画・設計指針を1冊に統合した新しいタイプの「海洋建築の計画・設計指針」を2015年に刊行するに至った．

　「海洋建築の計画・設計指針」（以下，指針という）の特徴は，海洋空間を利用するのにあたって，海洋建築の存在が海洋空間に与えるリスクと海洋環境が海洋建築に与えるリスクを最小化し，建築物が陸域ではなく海域に存在することで得ることができるベネフィットを最大化しようとすることにある．このことを指針では，サイトセレクションとシステムセレクションに対する作用リスクおよび影響リスクを最小化し，それによって得られるベネフィットを最大化すると表現しており，本書ではこれらの言い方を踏襲している．

　指針刊行後の海洋建築委員会の活動方針は，指針の執筆の最中に発生した東日本大震災から本委員会の重要な活動テーマとして位置づけた津波防災に関する調査研究の継続とともに，指針の検証例の調査研究と決定した．指針の検証にあたっては，実務で設計を専門としているエンジニアを委員に迎え，活動の体制を整えて行った．検証の対象とする海洋建築物の選定では，これを機会に海洋建築物の存在を広く知ってもらうためにアクセスが容易な着底式と浮体式とし，着底式では観光名所にもなっている「厳島神社」と海中展望塔の代表として「足摺海底館」を，そして浮体式は横浜港に浮かぶシーバスターミナル「ぷかり桟橋」と品川の運河に浮かぶレストラン「T.Y.HARBOR River Lounge」に決定した．これら4体について指針の特徴との関係を調べる際，海洋建築委員会の内部資料として活用してきた調査研究成果を参考にすることになった．あらためてこれらの資料をみると，すでに使命を終え，今は存在しない海洋建築物の建築概要や図面が残されており，わが国の海洋建築の歴史そのものの資料であることに気づかされた．そこで，指針の検証例の調査研究成果をまとめるにあたっては，これまで内部資料として用いてきたわが国の海洋建築を含めて紹介することにした．

　本書は，「1章　はじめに」，「2章　海洋建築の計画・設計指針の概要」，「3章　日本国内の海洋建築物の事例」，「4章　海洋建築物の調査・研究報告」，「5章　わが国の主な海中展望塔の概要」，「6章　おわりに」の全6章で構成されている．読者としては，建築を専門としている設計者や学生で，建築の新しい空間である海洋空間を用いた海洋建築を学びたい方を主に想定している．また，本書の内容は，40年以上にわたり海洋建築を調査研究の対象としている海洋建築委員会の活動成果でもある．そのため，新しく書き下ろした1章から3章までと内部資料であった4章と5章の文体が異なっていると感じられるかもしれないが，既存の資料はできるだけ原文を尊重したためである．

　わが国は四方を海に囲まれており，海域には豊富な天然資源が眠っている．こうした資源を活用するには，当然海洋建築による海洋空間利用が必要であり，そのためには既存の海洋建築に学ぶ必要がある．本書がその一翼を担うことができれば幸いである．

2020年3月

日本建築学会

目　　次

4章　海洋建築物の調査・研究報告

5章　わが国の主な海中展望塔の概要

1章 はじめに

　あまり知られていないが，わが国には海洋建築が意外に多く存在している．海洋建築の本格的な研究は，1972年（昭和47年）に海洋建築の調査・研究を目的として，日本建築学会に海洋懇談会が設置されたことに始まる．海洋建築とは，海洋空間利用を目的として，沿岸海域および沖合を含む海域に設置される建築と定義されている．1975年には常置研究委員会である海洋委員会として正式に活動が開始された．委員にはシェル構造や連続体力学を専門とする研究者が多数参画しており，1985年には活動の成果として，「海洋建築物構造設計指針（固定式）・同解説」を，また，1988年には「海洋建築設計指針」を，さらに1990年には「海洋建築物構造設計指針（浮遊式）・同解説」を刊行している．

　その後の海洋建築委員会の活動は，新たな海洋建築が設置されるのを切望しつつ，どうすればわが国に多様な海洋建築が実現するのかを模索する日々が続き，その結果として「都市機能補完型海洋建築」を提案している．都市機能補完型海洋建築とは，可変性や隔離性等の海域特性を利用したアダプティブ建築とし，陸域の都市機能を補完する役割を担うことにより，既存陸域の再生と活性化を図ることを目的とする海洋建築である．海洋建築委員会は，このような都市機能補完型海洋建築の体系化に基づき，新しいタイプの海洋建築の設計指針である「海洋建築の計画・設計指針」（以下，「指針」という）の執筆にとりかかった．しかし，その最中である2011年（平成23年）3月11日に東日本大震災が発生した．海洋建築委員会は，「指針」の執筆と並行して，津波被害調査を本委員会の活動計画に位置付け，日本建築学会の他分野の委員会とともに調査報告書を刊行している．その後，2015年2月に，待望の「海洋建築の計画・設計指針」を刊行した．

　「指針」に記されている特徴の一つにはサイト選定とシステム選定に対する作用リスクおよび影響リスクを最小化し，それによって獲得できるベネフィットを最大化し海洋建築物を設計することである．作用リスクとは海域環境が建築物に与えるリスクを意味し，影響リスクとは建築物の存在が周辺環境に及ぼすリスクを意味している．すなわち，海洋建築の設置にあたっては，海域が建築物に与える影響（例えば波浪，風波，干潮，潮流等の荷重）を解析し安全に対するリスクを最小化すべきであり，また，建築物が存在することによって海域に与える環境負荷を可能な限り最小化するように設計しなければならないとしている．また，海洋環境の観点から，計画・設計の段階で維持管理のみならず改修・解体管理まで考慮すべきであることも明確にしている．

　わが国には，海洋建築物構造設計指針に準拠して設置されている海中展望塔が少なからず現存し，浮体式海洋建築物として，横浜港にある「ぷかり桟橋」や品川の運河に係留されている「WATER LINE」は，旧タイプの「海洋建築物構造設計指針（浮遊式）・同解説」のみならず，建築基準法や船舶安全法等を駆使して設計された代表的な海洋建築物である．また，広島県宮島に1160年代の後半，平清盛によって建立された厳島神社は，わが国最古の木造の海洋建築物として，海洋建築委員会の研究協議会で幾度となく取り上げられてきた．

　ところで，こうした既存の海洋建築物は指針の特徴であるサイト選定とシステム選定に対するリスクは最小化されており，ベネフィットは最大化されているのだろうか．本書ではまず2章において「指針」の概要を概説し，その後に3章において，着底式海洋建築物として，木質構造である厳島神社と鋼構造とFRPで構成されている海中展望塔である足摺海底館を，また，浮体式海洋建築物として横浜港に浮かぶ鋼製構造物であるぷかり桟橋と東京の品川浦・天王洲地区の運河に浮かぶ海上レストランT.Y.HARBAOR River Loungeを取り上げ，海象条件や設計要件等を検証しつつ，サイト選定とシステム選定に対するリスクの最小化とベネフィットの最大化の観点から海洋建築物としての再評価を試みている．

　海洋建築委員会の活動では，新たに就任した委員長は本委員会の承認を経て，大きな活動テーマを設定し，各小委員会に活動を決定する，すなわちタスクフォース型で各小委員会の活動が行われている．これらの結果は，シンポジウムや研究協議会で公開することを旨としてきたが，詳細なデータは海洋建築委員会の内部資料として用いられてきた．これらの資料には，すでに任を終えて解体・撤去された海洋建築物やアクセスの整備が遅れ，リピータを呼び込めず撤退した海洋建築物の設計概要，維持管理概要および施工概要も含まれており，極めて貴重な資料と

なっている．そこで本書では，これらの調査結果を公開することで，今後の海洋建築物の計画・設計および運営の礎になればと考え4章で取り上げることにした．

　さらに高度経済成長の時代，当時の建築家は海洋を新たな建築空間としての可能性を追求しはじめたが，残念ながら目標とした海上都市構想は実現されなかったものの，こうした構想の延長線上の海洋空間利用として，着底式海洋建築物である海中展望塔が建設されている．現在7基の海中展望塔が現役で運営されているが，海洋建築委員会は沖縄から北海道に点在する海中展望塔の調査研究を詳細に行っている．本書ではこれらの結果を5章で紹介している．

　すなわち本書では，「指針」にあるサイト選定とシステム選定に対する作用リスクおよび影響リスクを最小化し，それによって獲得できるベネフィットを最大化する観点から，先に述べた既存の浮体式海洋建築物および着底式海洋建築物を再評価し，海洋建築物の設計例を紹介するものである．また，冒頭で，わが国には多くの海洋建築物が存在していることを述べたが，海洋建築委員会では，これまで調査・研究活動の一貫として現存する海洋建築物をさまざまな観点から調査を行っており，本書ではこうした貴重な記録を併せて紹介する．

2章　「海洋建築の計画・設計指針」の概要

　本書の姉妹編である「海洋建築の計画・設計指針」（以下，海洋建築指針という）は，2015年2月に刊行されている．海洋建築指針は，海洋建築の設置にあたって構造，計画，環境等の総合的観点から指針を示しており，単にこれまでに日本建築学会が出版してきた「海洋建築物構造設計指針（固定式）・同解説」(1985)，「海洋建築物構造設計指針（浮遊式）・同解説」(1990)，「海洋建築計画指針」(1988) の3冊の計画・設計指針を1冊に統合しただけではなく，これら指針の発行後の最新技術，海を取り巻く環境問題および東日本大震災での教訓を反映した指針となっていることが特徴である．

　海洋建築指針は，「1章　総則」，「2章　海域特性」，「3章　計画」，「4章　設計」，「5章　管理」の全5章で構成されている．

　「1章　総則」は，本書の目的と適用範囲を示し，計画・設計・管理について新指針の全体像を要約している．「2章　海域特性」は，陸域とは異なる海洋環境において注意すべき点を明確にするために，海域特性の「リスク」と「ベネフィット」をキーワードとして記述している．「3章　計画」は，海域に建築物をつくるときの場所選定とその後の海洋建築システムの最適化という観点から，「サイト選定」と「システム選定」をキーワードとし，「サイト選定」は2章とのつながり，「システム選定」は4章とのつながりに留意して記述している．「4章　設計」は，具体的な設計に入るための指針として，海洋建築物が海洋空間に孤立した自律分散システムになることを念頭に，「構造システム」と「設備システム」の二本柱を立て，3章で記述された「システム選定」をいかに実体化していくかという方針で記述している．「5章　管理」は，施工管理，維持管理，改修・解体管理を扱っているが，あくまでも計画・設計の段階で考慮すべきことを整理するという観点で記述している海洋建築指針の詳細については，同書を参照されたい．

　本章では，海洋建築物の計画と設計において，海洋建築指針がポイントとしている海域特性の「リスク」と「ベネフィット」，海域に建築物をつくるための「サイト選定」と「システム選定」の概要を示す．なお，「リスク」と「ベネフィット」および「サイト選定」と「システム選定」は，陸域と異なる海域特有の要因に特に配慮し，海域利用によって発生するリスク（危険度）を最小化するとともに，それによって獲得できるベネフィット（便益）を最大化することを目標として，最適な海洋建築のサイト（設置海域）とシステム（構造システム・設備システム）を選定することである．

2.1　海域特性の「リスク」と「ベネフィット」

　設置海域を検討する際には，その海域におけるベネフィットの最大化とリスクの最小化を目標として，用途と規模に適した複数の候補地に対して対して環境アセスメントなどを行い，最適なサイトを決定する．

　建設地が定まっていない場合，以下の4つの条件について考慮し，サイト選定を実施する．

(1)環境アセスメント：建造時，利用時に建設地周辺の環境へ与える影響調査．
(2)建築計画条件：発注者の要求を整理，かつ海洋空間の持つ利点を最大限に生かした提案．
(3)社会条件：周辺都市環境・文化・景観などに関わる条件と共に，漁業組合など利害関係者の理解の必要性．
(4)自然環境条件：安全性の確保の観点から厳しい設計条件の設定と慎重な安全対策．

ここで具体的にあげた項目を要素ごとに，ベネフィットとリスクの要因に分け，それぞれランク付けすることによりサイト選定をするとしている．

2.2　海洋建築の「サイト選定」と「システム選定」

　設定された目標性能を満たすために，リスク最小化とベネフィット最大化を目標として，サイト（設置海域）選定とシステム選定を行う．

　海洋建築の計画にあたっては，安全性・居住性・機能性を確保できるように，海域特有の自然環境条件に配慮し，以下の手順で進める．

(1) 自然環境条件と計画条件の適合（サイト選定）
(2) 構造システムと材料の選定（構造システム選定）

　海域特性の「リスク」と「ベネフィット」および海洋建築の「サイト選定」と「システム選定」の関係と計画全体

の関係を図2.2.1に示す．すなわち設定された目標性能を満たすために，リスク最小化とベネフィット最大化を目標としてサイトとシステムの選定を行い，建築計画，設備計画，管理計画の各内容を決定し，設計へ進むように示している．また海洋計画を取り巻く常時の自然環境条件を考えた場合，海洋建築物は常に波による揺れに晒されている．したがって，海洋建築物の設計にあたっては，安全性の検討に加えて適切な居住性および施設機能に応じた作業環境を確保できる構造計画とし，その目標性能と作用リスクについて評価を行うものとなっており，作用リスク，影響リスクの最小化とコスト算定に関係するフローを図2.2.2に示す．

　特にシステム選定にあたっては，要求性能を満足し，作用リスクと影響リスクが最小となるように，最適な構造システムと設備システムを決定する．サイト選定を踏まえ，建築物の機能に関する目標性能に基づいて設計者は安全性や居住性，機能性，経済性，施工性などを考慮して構造システムを選択するが，特にシステム選定に着目したフローを図2.2.3に示す．

　海洋建築の構造システムは，図2.2.4のように着底式と浮体式の2種類に大別される．

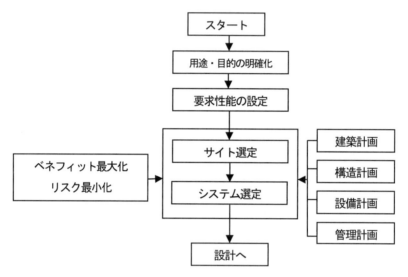

図2.2.1 海洋建築の計画

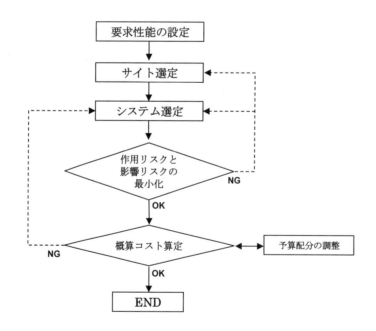

図2.2.2 海洋建築リスク最小化のフロー

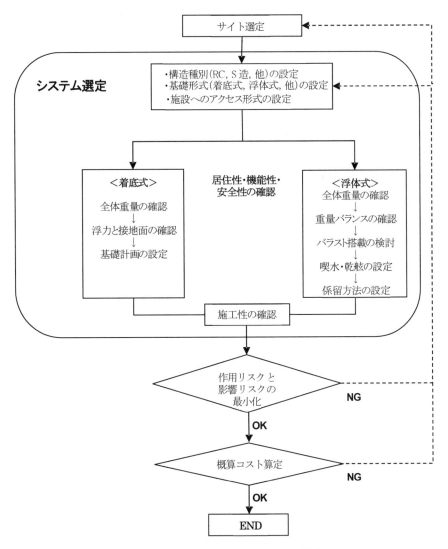

図 2.2.3　システム選定フロー

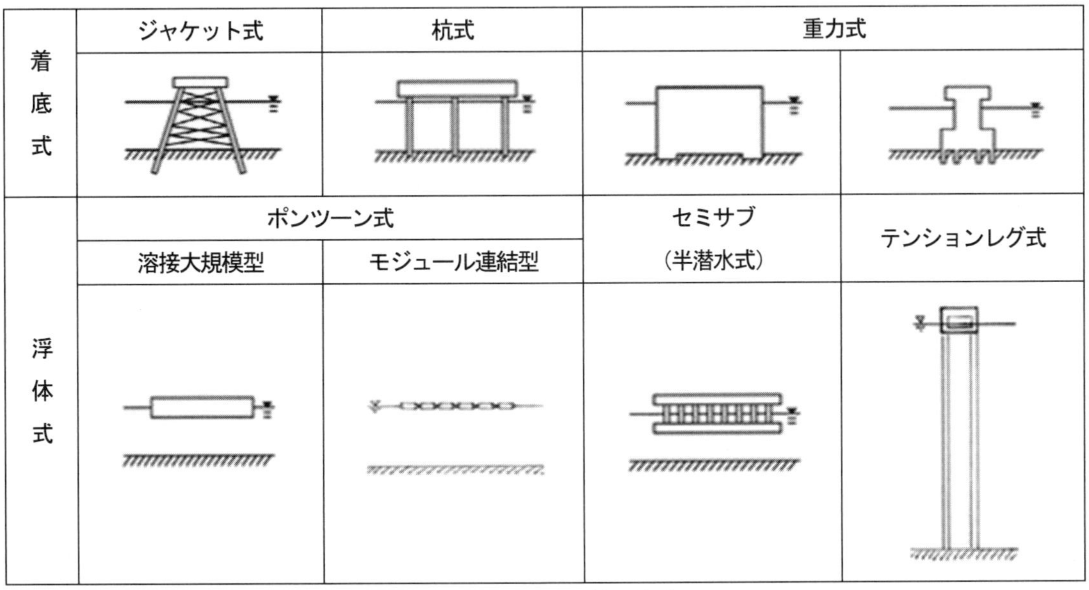

	ジャケット式	杭式	重力式	
着底式				
	ポンツーン式		セミサブ（半潜水式）	テンションレグ式
	溶接大規模型	モジュール連結型		
浮体式				

図 2.2.4　海洋建築の代表的な構造システム

2.3 作用リスクと目標性能

　構造計画を例にとると，計画段階では要求性能に基づいて目標性能を設定し，使用限界状態と安全限界状態とに大別する．使用限界状態は居住性と機能性，安全限界状態は部材安全性とシステム安全性とに分けて考え，それぞれに対する再現期間を設定する．これらの関係を図2.3.1に示す．設備計画においても同様の考え方が可能である．

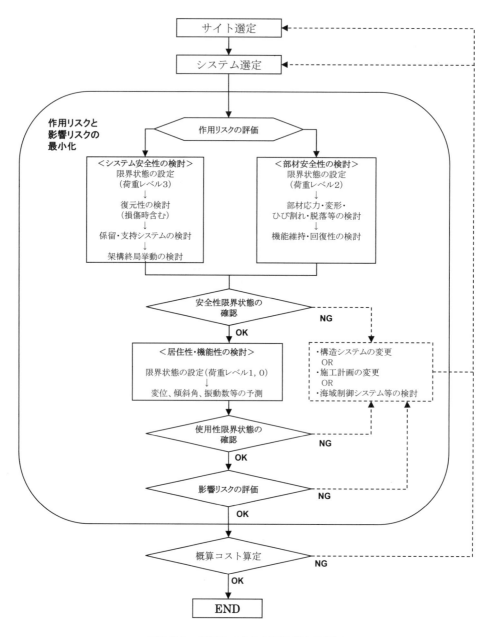

図2.3.1　作用リスクと目標性能の評価フロー

3章　日本国内の海洋建築物の事例

　日本国内には数はいくつかの海を利用する建築物が計画・設計されてきた．ここでは，海洋建築物の事例として，厳島神社，足摺海底館（以上，着底式），ぷかり桟橋，T. Y. HARBOR River Lounge（以上，浮体式）の4例について，計画・設計の概要を解説する．また，これら海洋建築物について，本事例集における海洋建築の計画・設計のポイントとしている「サイト選定」，「システム選定」に係る「ベネフィット」，「リスク」を整理して示す．

3.1　厳島神社

　厳島神社は日本国内に現存する最古の木造の海洋建築物である．これまでに幾度となく強風，高潮・大波，山津波（土石流）による被害と復旧を繰り返しながらも，今なお造営当時の姿を残している．ここでは，厳島神社の周辺環境，建築概要，歴史，自然災害による被害と対策および維持管理から，サイト選定とシステム選定におけるベネフィットとリスクを整理する．

3.1.1　立地環境

　厳島神社は，広島湾の西端に位置する宮島の北西にある入江（御笠浜）の砂州上に立地し（図3.1.1），神社前面に瀬戸内海，背景に弥山（標高535m）を配する木造建築物である．厳島神社と大鳥居は，干潮時には海水に全く接触しない砂浜上の建築物，満潮時には社殿の一部を海中に没して海上の建築物の姿を現す．このように，厳島神社は陸と海の境界における潮位差を巧みに利用して，大潮の満潮時には海に浮かぶ神社としての景観を造りだしている（写真3.1.1）．

　厳島神社の歴史は古く，593年に創建されて今日に至っている．神社の創建当時は陸上にあったと伝えられているが，1168年（1166年説あり）に平清盛によって日宋貿易での交易上の海の守護神として神社を創建するために陸地を掘削して人工の海を開拓し，ほぼ現在の規模・様式に造営された．

　前面に海，背後に山を配する厳島神社の立地場所は，強風や大波の発生時には神社が被害を受けやすいように思える．しかし，立地に関しては自然条件や自然災害を勘案した上で最も適した場所を選定し，厳島神社の随所に自然条件を良く熟知していたと思えるほどの先人の知恵や数々の工夫が織り込まれている．

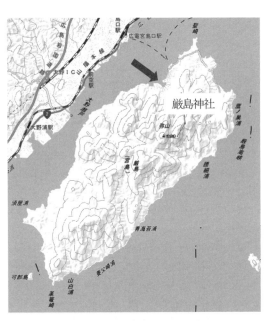

図3.1.1　厳島神社の場所 [3.1-1)]

(a)　干潮時

(b)　満潮時

写真3.1.1　厳島神社の干潮時と満潮時の景観

3.1.2 自然環境

　瀬戸内海は半閉鎖水域で浅海域が多い内海であり，外海とは東側は紀伊水道が太平洋と接続し，および西側では豊後水道が太平洋と接続し，関門海峡が日本海と接続している．瀬戸内海の潮汐差は東部で1〜3m，西部で3〜4m であり比較的大きい．また，多島海であることと外海との接続する海域の狭さと相まって，幅の狭い海峡では潮の干満に応じて流れの速い潮流や渦潮が見られるところがある．

　厳島神社の造営場所には，瀬戸内海でも波が穏やかな海域にある宮島の波がほとんど立たない北西の入江が選ばれている．神社前面は水深10m 以浅の海域であるが，潮汐差は3〜4m と大きい．

　宮島全体の地質は岩盤（花崗岩）層の地盤である．神社は弥山の尾根が突き出す延長上の花崗岩質の上層の砂質層を選定して造営されている．

　しかし，神社は台風が直撃すると，強風，神社前面からの高潮，背後からの山津波（土石流）を受ける自然環境下にある．

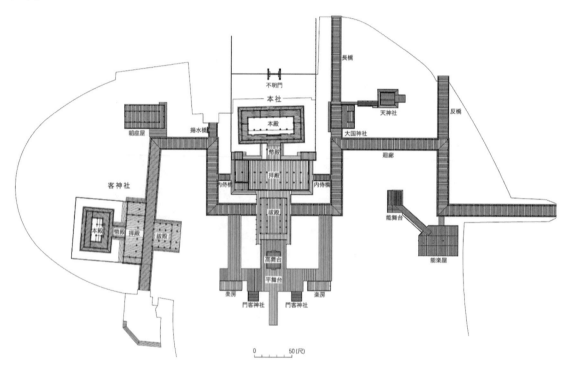

図3.1.2　現在の厳島神社の社殿配置 [3.1-2)]

3.1.3　建築概要 [3.1-2)〜3.1-7)]

　神社全体は海に浮かぶ建築物となるよう，床高は大潮の満潮時に回廊の床板に海面が接するように設計している．本社本殿は海から最も遠い入江の奥に建立されているが，満潮時には海水が本殿まで到達する．

　平清盛が造営した当時の厳島神社の社殿配置は，平安時代の寝殿造りを取り入れた構成となっている．寝殿造の池を厳島北岸の入江に変え，紅葉谷から流れ込む御手洗川の流路を替えて，寝殿造りと同じ位置関係に海と川があるように計画している．なお，御手洗川の流路変更は後々の山津波から神社を守る仕組みとなり，川沿いの西松原は山津波により運ばれた土砂を用いて造成されている．

(1) 社殿の概要

　現在の社殿配置を図 3.1.2 に示す．現在の神社社殿の規模・配置は平清盛が造営した当時とほぼ同じく，海側（北側）より，火焼前（ひたさき），平舞台，高舞台，本社拝殿，本社祓殿，本社幣殿，本社本殿が直列に配され，それに直交する軸に少し対称性を崩す形で，東側（左翼）に摂社客神社と朝座屋，西側（右翼）に大国社，天神社，能楽屋が配されている．これら社殿を東西回廊と三つの橋（揚水橋，長橋，反橋）が取り巻いている．なお，平舞台の先端の楽房と門客神社は鎌倉時代に増設され，天神社，能舞台および能楽屋は室町時代以降に増設された．これら神社社屋は礎石上に自重のみで自立している．主な社殿の概要を以下に記す．

写真 3.1.2　本社祓殿, 拝殿, 本殿

（ⅰ）本社本殿（写真 3.1.2）

　本社本殿は桁行正面八間(23.806m)，背面九間
(23.806m)，梁行四間(11.588m)の一重両流れ造檜皮
葺で，内部は床板張りである. 中央の七間分は祭神を
祀る内陣として大床が敷かれ，その前面に階段と高
欄が構えられている. 内陣の上には，折上小組格天井
が，両側一間通には，小組格天井が張られている.

（ⅱ）本社弊殿

　本社弊殿は桁行一間(4.106m)，梁行一間(5.515m)
の一重両下造檜皮葺であり，本殿と拝殿との間に廊
状に配置されている. 内部は床板張りである.

写真 3.1.3　平舞台

（ⅲ）本社拝殿（写真 3.1.2）

　本社拝殿は桁行十間(29.915m)，梁行三間(11.900m)の一重両端縋(スガル)破風付入母屋造檜皮葺で，内部は床板張
りである. 天井は張られておらず，化粧屋根裏の三棟造となっている.

（ⅳ）本社祓殿（写真 3.1.2）

　本社祓殿は桁行六間(16.248m)，梁行三間(10.530m)の一重片入母屋造檜皮葺で，妻入り背面は拝殿屋根に接続して
いる. 内部の床は拭い板張りで，前方には，寝殿造りにおける放出に類似した一段低い一間が設けられている. 主屋
の天井には，小組格天井が張ってあり，庇との間が化粧屋根となっている.

（ⅴ）平舞台（写真 3.1.3）

　平舞台は本社前方の板敷きであり，総面積は約 187 坪(618.18m²)の構造物で，北西前面の火焼前と合わせると，約
200 坪(656.86m²)の広さになる. 砂州に立てられた石柱の上に大引きおよび根太を渡して，板を張った構造であり，
平舞台ほぼ中央には，高欄真々正面 17 尺 2 寸(5.212m)，側面 21 尺(6.364m)，高さ 1 尺 7 寸 7 分(0.537m)の舞楽を
演じる高舞台が設けられている

（ⅵ）東西回廊

　陸路からの参拝入り口に接続する東回廊は折れ曲がり延長四十五間(122.547m)の一重切妻造檜皮葺である. 西回廊

写真 3.1.4　大鳥居

は折れ曲がり延長 62 間(154.050m)の一重東端切妻造であり，西端唐破風造檜皮葺である．

(2) 大鳥居（写真 3.1.4）

　大鳥居は平舞台の先端にある火焼前より約 160m の沖合に立っている．大鳥居は棟の高さ 16.6m，柱間 10.9m の木造である．主柱はクスの自然木，控柱はスギである．大鳥居の脚部は海底深く埋められておらず，松杭で締め固めた地盤上に自重のみで自立している．また，強風と大波に対して転倒させないようにするため，平安時代後期に考案された 6 本柱の両部鳥居形式を採用し，鳥居上部の島木と笠木を箱形断面とし，この内部に多数の石を詰め込み，鳥居の重量を増している．

3.1.4　厳島神社の歴史 [3.1-3]~[3.1-6]

　厳島神社の創建から現在までの建築と災害被害に関する年表を表 3.1.1 に示す．神社社殿は幾度となく台風，高潮，山津波などの自然災害による被害と 2 度の火災により社殿を喪失する被害に遭遇し，大鳥居は腐食や台風などによりこれまでに 7 回倒壊している．厳島神社は被害に遭遇するたびに復旧と修復を繰り返している．しかし，本社本殿は平清盛の造営以降，現在までに一度も大きな被害を受けていない．

表3.1.1　厳島神社の建築と災害被害に関する年表 [3.1-3), 3.1-6), 3.1-8)]

西暦	和暦	建築および災害による被害
593年	推古元年	佐伯鞍職により厳島神社が創建されたと伝えられる。
1168年	仁安3年	平清盛により厳島神社社殿がほぼ現在の姿に造営。
1207年	承元元年	厳島神社炎上。朝廷は安芸国を厳島神社造営料国として再建。
1223年	貞応2年	厳島神社炎上。
1224年	元仁元年	朝廷は安芸国を厳島神社に寄進し，国司に社殿を造営させる。
1286年	弘安9年	大鳥居再建。
1325年	正中2年	大鳥居が強風により転倒。
1371年	建徳2年（南朝） 応安4年（北朝）	大鳥居再建。
1537年	天文6年	厳島神社の廻廊，大国社以西を焼失。
1547年	天文16年	大鳥居再建。
1556年	弘治2年	天神社建立。廻廊の床板を刷新。
1561年	永禄4年	大鳥居再建。
1571年	元亀2年	本社本殿建替え。
1605年	慶長10年	能舞台建立。
1680年	延宝8年	能舞台（現存の能舞台）・楽屋・橋掛造立。
1717年	享保元年	大鳥居倒れる。
1736年	元文元年	水害により流出した土砂で，御手洗川の河口に松原を築く。
1739年	元文4年	大鳥居再建。
1743年	寛保3年	新堤に石燈籠が寄進され，西松原の原形ができる。
1776年	安永5年	反橋を再建。落雷により大鳥居倒壊。
1779年	安永8年	高舞台修築。
1801年	享和元年	大鳥居再建。
1875年	明治8年	大鳥居再建。
1881年	明治14年	厳島神社本社の大修繕が終わる。
1901年	明治34年	厳島神社の特別保護建造物修理工事（明治・大正の大修理）が開始。
1919年	大正8年	明治・大正の大修理完成。
1945年	昭和20年	枕崎台風が襲来。山津波（土石流）が発生し，厳島神社社殿が被災（9月17日）。
1947年	昭和22年	災害復旧の土砂の搬出作業開始。西松原を延長し，大元浦沖を埋立。
1949年	昭和24年	水害と山津波による大破を受け，厳島神社の昭和大修理始まる。
1950年	昭和25年	キジア台風が襲来。高潮により社殿が被災する（9月13日）。
1957年	昭和32年	厳島神社，昭和大修理が竣工する。
1969年	昭和44年	厳島神社，第2次昭和大修理が開始する。
1991年	平成3年	台風19号が襲来。 左楽房・能舞台・楽屋・橋掛の倒壊のほか，社殿が甚大な被害を受ける（9月27日）。
1992年	平成4年	左楽房再建。
1994年	平成6年	能舞台・楽屋・橋掛再建。
1996年	平成8年	厳島神社とその背後の弥山原始林の森林が世界遺産に登録される。
1999年	平成11年	台風18号が襲来。 左門客神社が倒壊し，高潮のため回廊全体と能舞台が水没（9月24日）。
2001年	平成13年	芸予地震が発生。軽微な被害を受ける（3月24日）。
2004年	平成16年	台風18号が襲来。 左楽房・平舞台・高舞台・祓殿・長橋・廻廊・能舞台のほか，社殿が甚大な被害を受ける（9月17日）。
2005年	平成17年	台風14号が襲来。 白糸川に土石流が発生。滝小路・中西小路が大被害を受ける（9月6日）。

3.1.5　自然災害による被害

　厳島神社に被害を及ぼした自然災害は，前方の海と後方の山の双方からによるものであり，台風により山を吹き下ろした強風，高潮と大波，および山津波（土石流）により社殿は幾度となく被害に見舞われた．

　以下では，厳島神社の最近の台風に起因する強風・高潮，山津波，および冠水による被害の概要を紹介する．

(1)強風・高潮による被害

　厳島神社の社殿は約200年に1度の確率で台風による強風と高潮で被害を受けている．神社に被害をもたらす強風は，台風に向かって吹き込み，神社の真南に位置する大聖院前を通り，弥山の尾根筋と駒ヶ林（標高 509m）の尾根筋の谷間にある白糸川の谷筋を降下する風速50m/s以上の南風である．厳島神社に被害をもたらす強風の通り道を図3.1.3に示す．この強風が発生したときのみ，風の通り道に位置する社殿が倒壊する被害を被っている．しかし，本社本殿や本社拝殿などの主要拝殿は，背後に構える小高い丘が南からの強風を遮るため被害を免れている．

(i)台風19号（1991年9月27日）[3.1-9)]

　台風19号の経路を図3.1.4に示す．広島地方気象台（広島市中区）で観測された風速記録（風速計高さ地上 95.4m）は，最大瞬間風速 58.9m/s，最大10分間平均風速 36.0m/s であり，風向は南南東から南南西であった．なお，宮島の対岸にある大野町消防署の風速記録（風速計高さ地上約14m）は，最大瞬間風速 46.2m/s，最大平均風速 24.8m/s であり，風向は南から南南西であった．

　台風19号による被害を受けた建屋を図3.1.5に示す．神社の被害は台風による強風および高潮によるものであるが，社屋の倒壊は白糸川の谷筋を降下した南からの強風によるものであり，能舞台は下から吹き上げる風で持ち上げられて落下して破損した．回廊の床板流出は台風時の波と高潮によるものであった．

　社殿の被害は以下のとおりであった．
- ・強風による倒壊：能舞台，能楽屋，平舞台先の楽房，門客神社
- ・強風による傾斜：左門客神社

(ii)台風18号（2004年9月7日）[3.1-11), 3.1-12)]

　台風18号の経路を図3.1.6に示す．広島地方気象台で観測された風速記録は，最大瞬間風速

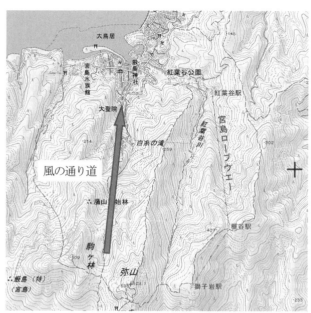

図3.1.3　厳島神社に被害をもたらす強風の通り道 [3.1-1)に加筆]

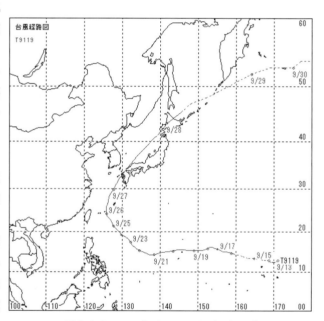

図3.1.4　1991年台風19号の経路 [3.1-10)]

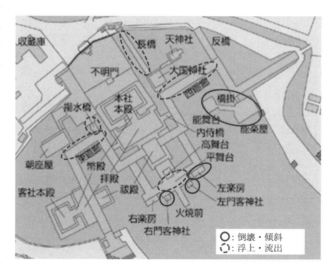

図3.1.5　台風19号による被害を受けた建物

60.2m/s（南），最大風速 33.3m/s（南）であった．
なお，宮島町消防本部の風速記録は，最大瞬間風
速 47.6m/s（西南西），最大風速 17.9m/s（南西）
であった．なお，台風 18 号の経路は 1991 年の台
風 19 号とよく似た経路を辿っている．

　台風 18 号による被害を受けた建屋を図 3.1.7 に
示す．神社の被害は，前項の台風 19 号と同じく白
糸川の谷筋を降下した南からの強風，および台風
の通過と満潮が重なって発生した高潮によるもの
であった．高潮と波により床板は 55cm 程度浮き
上がったことが本社拝殿の柱と床の摩擦による痕
跡からわかっている．

　社殿の被害は以下のとおりであった．

　・高潮による倒壊：左楽房

　・強風による破損：本社本殿，本社幣殿，本社
　　　　　　　　　　祓殿（屋根），平舞台，高舞
　　　　　　　　　　台，右楽房，客神社本殿，東
　　　　　　　　　　西回廊，大国神社，能舞台

　なお，1991 年の台風 19 号での台風被害を教訓
に，台風の接近に伴いあらかじめ能舞台の鏡板を
取り外して風が抜けるようにし，建物に支柱用の
棒を挿入する，床板に土嚢を積む，強風により倒
壊しそうになった左楽房を綱で引っ張るなど被害
の拡大防止対策が行われた．

　以上の台風のほか，1325 年には強風により大鳥
居，門客神社，楽房，平舞台が倒壊し，1573 年に
は高潮と大風により楽房，門客神社，平舞台が被
害を受けた．

(2) 山津波（土石流）による被害[3.1-13), 3.1-14)]

　厳島神社の山津波による被害は，台風がもたら
す暴風雨によるものである．山津波による神社の
被害は，表 3.1.1 の年表に示すようにほぼ 200 年
ごとに発生し，山津波は紅葉谷川と白糸川で交互
に発生している．両川の河床は風化して容易に真
砂となる粗粒花崗岩質であり，河床形状は V 字形
または U 字形である．また，両川の両岸は日々崩
れた土砂や石により狭められている．

(i) 枕崎台風（1945 年 9 月 17 日）

　枕崎台風の経路を図 3.1.8 に示す．広島では，最
大瞬間風速 45.3m/s，最大風速 30.2m/s の風速が
記録されている．なお，枕崎台風，1991 年の台風
19 号，2004 年の台風 18 号はほぼ同じ経路を辿っ
ている．広島での最大日雨量は 170mm 以上とさ
れている．台風による絶え間ない降雨により風化
した花崗岩質の谷が侵食され，紅葉谷川上流で山

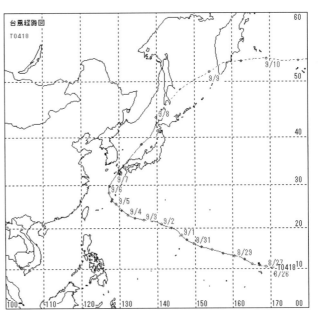

図 3.1.6　2004 年台風 18 号の経路[3.1-10)]

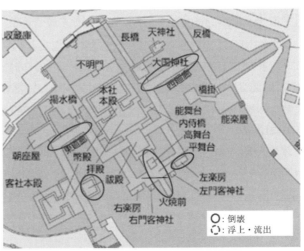

図 3.1.7　台風 18 号による被害を受けた建物

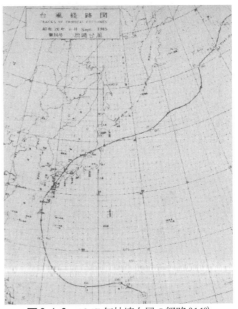

図 3.1.8　1945 年枕崎台風の経路[3.1-10)]

崩れが発生し，侵食した土砂を巻き込んで山津波となった．山津波は紅葉谷川上流にあたる弥山の7合目から押し寄せ，土砂は厳島神社西方裏手に流れ込んだ．社殿の多くが流出し，神社床には土砂が堆積したが，御手洗川からの土砂とともに淡水が直接神社に流れ込み，床下の柱が水腐れ状態となった．本社および客社の被害は軽微であった．被害を被った社殿を図3.1.9に示す．

山津波による社殿の被害は以下のとおりであった．

・流出：天神社，長橋，揚水橋，平舞台，西回廊
・土砂の堆積：神社床下，神社境内

(3) 冠水による被害 [3.1-15]

高潮時による神社回廊の冠水は年に1～2度の頻度で発生していたが，近年ではその頻度が増加している．1989年からの冠水回数を図3.1.10に示す．2001年以降は冠水が年10回を超えることが多くなっている．

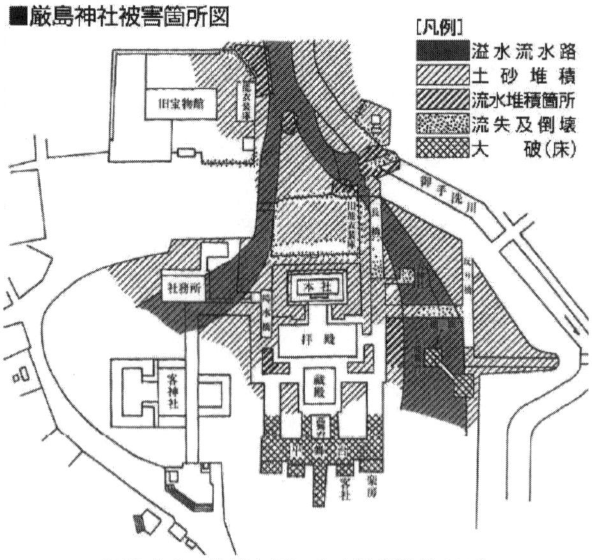

■厳島神社被害箇所図

[凡例]
溢水流水路
土砂堆積
流水堆積箇所
流失及倒壊
大　破（床）

図3.1.9　枕崎台風による被災建物 [3.1-13]

3.1.6　自然災害への対策 [3.1-3], [3.1-16]～[3.1-18]

厳島神社は幾度となく台風による強風と高潮・大波による被害に見舞われているが，造営当時から自然災害を想定した対策が施されている．このため，平清盛の創建以来，清盛が造営した社殿等は大きな被害を受けていない．地理的には，厳島神社は宮島の北側にあり，神社の背後となる南側には弥山を構えており，南側からの強風が直撃することはない場所を選んでいることがわかる．以下では神社の建築面における自然災害への対策を紹介する．

(1) 本社本殿

本社本殿は1168年の造営以降，度重なる自然災害にも耐え続け，風と波により大きな被害を受けた記録がない．本殿が被害を免れてきた要因として，海から最も遠い位置に造営されていること，前面の平舞台，拝殿，祓殿からなる三重構造により高潮と波から防護していること，前面の平舞台海上にせり出す平舞台および回廊に囲まれていること，平舞台と回廊は基礎に固定しないことにより，最悪の事態となる大波の来襲時には浮上させて本殿への波力を低減させる構造システムとしたことが考えられている．

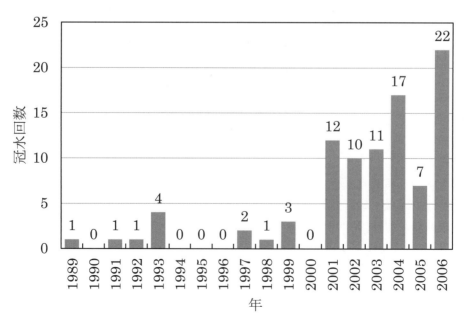

図3.1.10　厳島神社の冠水回数（1989年～2006年） [3.1-15]

写真 3.1.5　床板の隙間

写真 3.1.6　床板のくり抜き

(2) 本社拝殿・祓殿

　本社拝殿・祓殿は，重く大きな床板を柱で支える構造となっており，柱と床板との間は固定せず，床を柱の形にくり抜いて設置している．これにより，高波時には重い板で波を抑えて波力を低減させる効果，および床板と柱との接触，摩擦による減衰効果を期待している．

(3) 平舞台

　平舞台は大きな簀の子をつなぎ合わせた筏状であり，5つのブロックを連結したシステムとなっている．床板の間には 7～8mm のスリット状の隙間がある（写真 3.1.5）．

写真 3.1.7　根太の挟み込み

このシステムとスリットにより，各ブロックは高波と大波に対して波と共に上下に浮き沈みし，本殿に向かう波を低減させる消波装置となる．最悪の事態においては，床板を流出させるが社殿は浮上させないシステムとなっている．なお，各ブロックの幅は波の波長よりも大きくしてあり，高波時の波を低減させるための工夫であると考えられている．

(4) 回廊

　床板はわずかな隙間を設けて設置され，床板は柱形にくり抜かれている（写真 3.1.6）．回廊は床板の浮上と柱の摩擦で波のエネルギーを消費させて波の勢いを弱め，本社本殿の被害を低減させる工夫がされている．平舞台と同様，最悪の事態においては床板を流出させる仕組みとしている．

(5) 床板

　平舞台と回廊の床板の間には 7～8mm のスリット状の間隙があり，床板は鎹により根太を挟み込むシステムとな

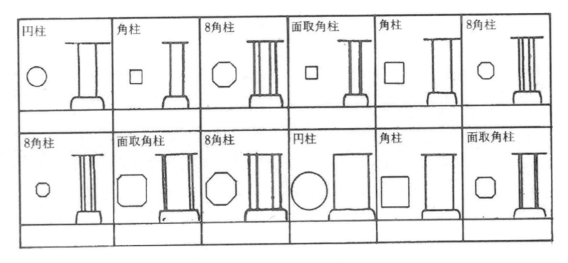
図 3.1.11　厳島神社社殿の柱形状 [3.1-17)]

写真 3.1.8　本社拝殿の木束

写真 3.1.9　右楽房の木束

っている（写真 3.1.7）．なお，床板を越えて海面が上昇したときには床上浸水することがあるが，床板の隙間から海水を抜けさせて，浮力により平舞台や回廊を浮上させない構造システムとなっている．

(6) 束

床下の束にも社殿が浮上しない工夫がされている．束は材質と断面形状に 12 のタイプに分類され，断面形状は，円形，四角形，八角形と多様であり建屋に応じて束の種類と材料を使い分けている（図 3.1.11）．本殿など重さのある建屋部分は木製の太い束（写真3.1.8），上載する荷重が小さい回廊などは細い束（写真

写真 3.1.10　平舞台の石束

3.1.9），建物を上載しない平舞台は石の束（写真 3.1.10）としている．

(7) 大鳥居

大鳥居の主柱は腐りにくく，虫害に強いクスを選定している．また，柱と梁の接合部にはくさびを設け，強風により生じる柱と梁の動きによるひずみを吸収させるシステムとしている（写真 3.1.11）．

(8) 御手洗川

厳島神社背後の弥山から流れる御手洗川は本社近くを河口としていたが，現在では神社背後を迂回し，西松原を河口とする流路に変更された（写真 3.1.12）．これは，山津波による神社の埋設防止，川の流れによる基礎の洗屈防止など地盤対策だけではなく，入江の淡水化防止が目的とされている．また，淡水は海水よりも木材を腐朽させる速度が早く，1945 年の枕崎台風で淡水が神社境内に流れ込んだしばらくの後，床下の柱が水腐れ状態となっていたことから確認される．このように，厳島神社の自然災害に対する対策は，社殿そのもの対策だけではなく，川の流路変更といった地形変更からも伺える．

写真 3.1.11　くさびを用いたひずみ吸収機構

写真 3.1.12　流路変更された御手洗川

写真 3.1.13　柱の根継ぎ

写真 3.1.14　東回廊床の張替え

(9) 近年の自然災害対策

　これまでに受けた幾度とない台風と高潮による被害を教訓に，近年では台風襲来時には被害を最小限とするため，床板の取外し，重石や土嚢を置くことによる床板の流出防止，社殿の柱や屋根を綱で引くなど，多くの工夫や知恵が受け継がれている．

3.1.7　維持管理

　厳島神社は潮の干満により，海水に浸かる部分は乾燥と湿潤を繰り返すため，次第に傷んでくる．このため，柱部分は根継ぎして取替え（写真3.1.13），回廊の床など

写真 3.1.15　大鳥居脚部の根継ぎ

の部分的な張替え（写真 3.1.14）や補修が行なわれている．また，神社の長期使用のために，明治・大正の大修理，昭和の大修理などの定期的な大修理が繰り返して行なわれている．なお，神社の修理・補修は潮の影響がない干潮時に行われている．

　大鳥居に関しては，クスを海上に立てた状態の耐用年数である80年ごとに建て替えられている．現在の鳥居は1875年（明治8年）に再建されたものであり，第二次世界大戦後に建替えの予定であったが，重要文化財に指定されているため建替えができていない．また，建替えに使用できるクスの自然木がないことも要因となっている．このため，主柱脚部の腐食部分は根継ぎして取り替えられ（写真 3.1.15），その後腐食対策として樹脂加工が施されている．なお，2019年には大鳥居の大規模修理が実施されている．

3.1.8　厳島神社における海洋建築の計画と設計

　前項までに記した，「3.1.1　立地環境」，「3.1.2　自然環境」，「3.1.3　建築概要」，「3.1.5　自然災害による被害」，「3.1.6　自然災害への対策」および「3.1.7　維持管理」の内容から厳島神社に見る海洋建築の計画と設計における，サイト選定とシステム選定のベネフィットとリスクを整理して表 3.1.2 に示す．

　厳島神社は，前面に穏やかな海，背後に弥山を構え，潮の干満を利用して海に浮かぶ神社の造形美を造りだすだけではなく，自然環境や立地条件を調べ上げたうえで，強風，高潮・大波，山津波などの自然災害から本社本殿を守るように社殿の配置を計画しただけでなく，付属の社殿や床板などの損傷を許容するシステムとした建築であるといえる．また，海に浸かることによるリスクを受け入れ，部分的な根継ぎや交換・修理などにより，造営当時の現在までの長期にわたり留めていることから，自然・海洋環境と上手に共生している建築として評価できる．

表3.1.2 厳島神社の計画と設計のマトリックス

			サイト選定	システム選定
ベネフィット		使用性	1)宮島そのものが信仰の対象である.	1)木造建築のため，部分的な交換，補修により長期的な使用が可能である.
			2)アクセスは船のみである.	2)寝殿造りを模した造りとしている.
			3)瀬戸内海の干満差（3〜4m）を巧みに利用し，干潮時には砂浜上の神社，満潮時には海に浮かぶ神社の景観を作り出している.	3)御手洗川の流路を変更し，寝殿造りと同じ位置関係に海と川があるように造営し，淡水による木材の腐食を鈍らせている.
			4)干潮時を利用し，維持管理，補修を行うようにしている.	4)海水に接する部分の交換により長期的な使用を可能としている.
		安全性	1)波浪の影響および潮流の影響がほとんどない宮島北西の入江を選定している.	1)本社本殿を高潮と大波から守るよう，社殿の重さに応じて柱の種類・大きさ・材質を変える，柱と床板を固定しない，床板にスリット設けて波を消す工夫がされ，最悪の場合は浮き上がらせるシステムとしている.
			2)神社に不等沈下の形跡がないことから，岩盤上の砂地を選定. また，地震による液状化の発生に関する記録は残っていない.	2)建屋は礎石上に上載されており緊結されていない. 海上にせり出す平舞台が高潮時には波とともに浮き沈みすることで，本社本殿への波力を低減させるシステムとなっている.
			3)本社本殿が高潮，強風，山津波の影響を受けない場所を選定している.	3)木造であるため維持管理・修繕が容易である.
			4)台風による強風の唯一の通り道を熟知した上で神社を造営している.	
リスク	作用リスク	永続作用	1)宮島周辺は瀬戸内海で流れのほとんどない静穏な海域である. また，波力の影響をほとんど受けない宮島の入江に造営している.	1)海水に浸かる部分の柱束の根継ぎ，床板の交換，補修によりリスクを回避するシステムとなっている.
				2)大鳥居の主柱には腐りにくいクスを用いている.
		変動作用	1)平舞台・拝殿・祓殿の3重構造で高潮・波浪から本社拝殿を防護している.	1)平舞台はスリットを設けた筏状の構造. 各ブロックが波とともに浮き沈みして波力を低減させる消波装置となっている.
			2)暴風被害は200年に一度発生している.	2)柱と梁の間を固定しないことにより，重い床板で波を抑える効果および柱と床板との接触・摩擦による減衰により波を低減させる効果がある.
			3)山津波被害は200年に一度発生している.	3)東西回廊は床板に隙間を設け，高潮時には波力に抵抗しない造りとなっている.
			4)近年では冠水の回数が増加し，年10回を超えることがある.	4)上物重量に応じて柱および束の材料・大きさを使い分けている.
		偶発作用	1)木造であるため火災の影響を受けやすく，過去に2度全焼している.	1) 木造であることにより，部分的な損傷に対しては部材の交換で対応することができる. また，全焼しても建て替えることで造営当時の姿を再現することが可能である.
			2)神社前面の水深は10m以浅であること，神社は入江の奥に造営されていることから，宮島航路のフェリーや大・中規模船舶の衝突のリスクはほとんどない.	2)船舶の着岸は最も海側の火焼前(桟橋)であるため，船舶の衝突による影響は火焼前に限定され，本殿におよぼす影響はほとんどない.
	影響リスク	環境影響	1)神社は入江に造営しているため，陸域への環境影響は少ない.	1)造営における土工事は砂州への礎石設置および人工池のみで，環境への影響がないように配慮されている.
			2)神社周辺に養殖かき筏があるが，入江に造営しているため水産業および瀬戸内海の潮流に及ぼす影響はない.	2)入江は埋立られてないため，海域および水産業への環境影響がないように配慮されている.
		景観影響	1)神社が景観の一部として，保全の対象となっている.	1)瀬戸内海特有の干満差を利用して海に浮かぶ美を表現するために，満潮時の床板高さは海面とほぼ同じレベルとなるよう計画している.
				2)山津波による土砂を用いて西松原を造営することにより自然環境に調和した景観を作り出している.

参考文献

3.1-1)　国土地理院ホームページ　地理院地図：https://maps.gsi.go.jp/

3.1-2)　山口佳巳：仁治度厳島神社の社殿，広島大学総合博物館研究報告，第1号，pp.14-24，2009

3.1-3)　三浦正幸：平清盛と宮島，南々社，2011

3.1-4)　廿日市商工会議所テキスト編集委員会編：宮島本，廿日市商工会議所，2008

3.1-5)　廿日市市　環境産業部　観光課　宮島観光公式サイトホームページ：http://www.miyajima-wch.jp/index.html

3.1-6)　一般社団法人宮島観光協会ホームページ：http://www.miyajima.or.jp/index.html

3.1-7)　三浦正幸：宮島における厳島神社の海上神殿の成立について，瀬戸内の島々と海の活用，2017年度日本建築学会大会（中国），海洋建築部門　研究協議会資料，pp.37-47，2008

3.1-8)　豊田利久：文化遺産観光地・宮島と自然災害　－経済的側面を中心に－，京都歴史災害研究，第12号，pp.9-21，2011

3.1-9)　花井正実，三浦正幸，玉井宏章：台風9119号による宮島・厳島神社の被害について，日本建築学会構造系論文報告集，第447号，pp.149-158，1993.5

3.1-10)　気象庁ホームページ　台風経路図：http://www.data.jma.go.jp/fcd/yoho/typhoon/route_map/

3.1-11)　丸山敬，河井宏允，益田健吾，田村幸雄，松井正宏：台風0418号による厳島神社の被害について，日本風工学会誌，第30巻第1号，pp.49-56，2005

3.1-12)　広島地方気象台：平成16年（2004年）台風18号に関する広島県内の気象速報，https://www.jma-net.go.jp/hiroshima/siryo/saigai/t0418sokuhou.pdf

3.1-13)　海堀正博：世界遺産・厳島の土砂災害と庭園砂防，http://www.jseg.or.jp/chushikoku/gyouji/081003/20081003kaibori.pdf

3.1-14)　広島県：紅葉谷川庭園砂防，http://www.sabo.pref.hiroshima.lg.jp/portal/sonota/sabo/pdf/303_momiji_eng.pdf

3.1-15)　広島市：広島市の特性（平成27年度末），http://www.city.hiroshima.lg.jp/www/contents/1474871243853/files/28-02-13.pdf

3.1-16)　高木幹雄：厳島神社における波浪制御の技，厳島神社にみる海洋建築の技と匠，2008年度日本建築学会大会（中国），海洋建築部門研究協議会資料，pp.29-67，2008.9

3.1-17)　伊澤岬：海洋空間のデザイン　ウォーターフロントからオーシャンスペースへ，彰国社，1990

3.1-18)　伊澤岬：海洋建築の原点としての厳島神社，厳島神社にみる海洋建築の技と匠，2008年度日本建築学会大会（中国），海洋建築部門　研究協議会資料，pp.3-22，2008.9

3.2 足摺海底館

　足摺海底館[3.2-1)]は，高知県最南端の太平洋および足摺岬近郊の風光明媚な場所に位置する．また，高知は台風の襲来が多く，リスクの高い立地条件である．また近年では南海地震の可能性が高くなっており，地震，津波に対するリスクが増大している．ここでは設計時のサイト選定やシステム選定のプロセスなどを再度確認するとともに，新たに増大したリスクについても考察する．さらに足摺海底館の周辺環境，建築概要，歴史，自然災害による被害と対策，および維持管理から，サイト選定とシステム選定のそれぞれの段階におけるベネフィットとリスクを整理する．

3.2.1 足摺海底館の概要

　足摺海底館は土佐清水市三崎港の西方，竜串地先 50m の海中の岩礁に位置する．この足摺海底館は，四国最大級の水族館である足摺海洋館とともにわが国で最初に海中国定公園に指定された竜串海中公園のシンボルであり 1971 年（昭和 46 年）12 月竣工．1972 年（昭和 47 年）1 月 1 日開館した．海底館という名称ではあるが，海上と海中の両方の展望が可能である．写真 3.2.1 にその外観を，写真 3.2.2 に開館時の様子を示す．また展望塔の概略を図 3.2.1 に示す[3.2-2)]．

写真 3.2.1　足摺海底館

写真 3.2.2　足摺海底館開館時の様子

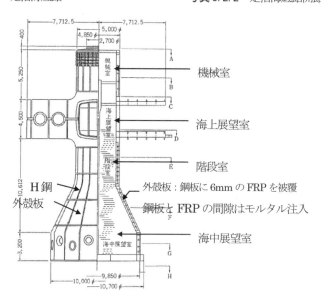

図 3.2.1　足摺海底館の概略

3.2.2 自然環境

　前述したように，日本で最初に海中国定公園に指定された竜串海中公園は海中にシコロサンゴの群落地があり，その規模は日本一である．そのため，ダイビングやグラスボートで美しい海中の様子を観察する海洋レジャーか盛んである．設計にあたり，自然環境条件は次のように想定された．

風：最大瞬間風速　（最大瞬間風速 84.5m/s 相当の速度圧）

波浪：沖波波高　$H(1/3)$=10.9m，沖波周期 $T(1/3)$=16.2sec

　　　浅海波波高　H_{max}=6.9m，$T(1/2)$=16.2sec

潮位：大潮平均高潮面：2.514m

　　　既往最大潮位偏差：1.080m　これらの合計 3.594m

潮流・海流・降雨・降雪・海氷：考慮しない．

地震：水平震度 0.25（海上部），0.50（海中部）

地質：砂泥互層（砂 1～10m，泥 0.2～3m）海底 1/100 勾配

また設置海域は冬季も比較的温暖であることから積雪荷重，流氷荷重は考慮されていない．

3.2.3　計画概要

　展望塔は，機械室：約 18m²（最上部，直径 5m），海上展望室：約 95m²（4 方向に幅約 4.3m で 5m 張り出す），階段室（直径 5m），および直径 10m の海中展望室：約 95m²（直径 10m）であり，高さは約 24m(3.2+10.612+4.5+5.25+0.4＝23.962m)の 3 階建である．陸地との交通は橋梁で行うこととし，長さ 60m の歩道橋で結ばれている．

(1)　構造計画

　基本構造は，H 形鋼にて骨組構造を構成し，外殻板で被覆する．外殻板は水圧や衝撃荷重などの局部的荷重に対応させ，全体としては骨組みで抵抗させる．外殻板の防食のため FRP（厚さ 6mm）を巻き付け被覆し，間隙にはモルタルを充填，FRP 板の局部的破損を防ぐとともに水密性向上が図られている．

　展望塔の全体の構造の中で海上部にあたる海上展望室，機械室は陸上建築と同様に取り扱っている．海中になる階段室・海中展望室は安定計算および強度計算が行われた．構造計算の概要は次のとおりである [3.2-3]．

(a) 風力は上部構造に対して考慮している．風速は高さに対して 1/4 乗のべき法則に従うとしている．流体力は考慮していないが，波力は深さに応じて評価している．また，海面付近では砕波を考慮し，衝撃波力は静荷重に置き換えて扱う．地震力は震度法に従っている．設置海域は冬季も比較的温暖であることから，積雪荷重，流氷荷重は考慮していない．

(b) 静水圧と浮力は考慮してあるが，係留力および曳航力，衝突力，衝撃力は取り扱っていない．また，土圧，地盤拘束力，熱膨張力も想定してある．

(c) 階段室は構造骨組みフレームモデル（図 3.2.2）を構成して，上部構造からの曲げモーメントおよび想定荷重に対する詳細な構造計算を実施している．

(d) 基礎は掘削・整地された海底にコンクリートを打設し，アンカーフレームを埋め込んで固定する．アンカーフレームは，プレストレスストランド（16 本）により地盤に固定されている．この設置されたアンカーフレームに，展望台本体を 32 本のアンカーボルトで締結してある．

(e) 船舶等の衝突については骨組構造を外殻板で覆い，衝撃荷重への対策を講じている．

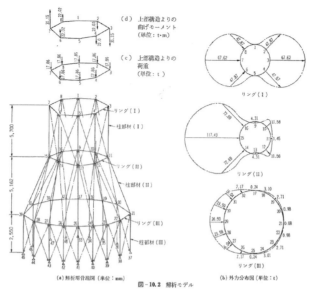

図 3.2.2　構造フレームモデル

(2)　設備計画

防火，防水，台風，高波の常襲地帯であることを考慮し，外殻部を FRP で被覆するなど耐候性を高めている．

(3)　施工計画

施工順序を図 3.2.3 に示す．まず(1)海底を掘削し，(2)アンカーフレームを沈設する．(3)アンカーフレームを定着させ，(4)本体の据え付けを行う．アンカーフレームはあらかじめ4分割で製作され，それらを現地海岸で組み立てて台船にて曳航し，クローラ・クレーンでつり込んで沈設する．アンカーフレームには，本体取付け用アンカーボルト（32本）や，据付け時調整用ジャッキ（4基），据付け用ガイド，モルタル注入管が組み込まれている．アンカーフレーム沈設後に砂利を投入し，その後モルタルを圧入する．

アンカーボルトの取付けでは，アンカーフレームの 117mm φ 孔（16か所）に合わせて長さ（深さ）11m の穿孔を実施する．ストランドを挿入し1段目のモルタルを注入し，数日間の養生後に2段目を注入．（2段で構成される）．この間，ストランドでプレストレスを加える．

展望塔本体は工場で組み立て，1000t フローティングクレーンに1体でつり込み，アンカーフレームに 32 本のボルトで固定する．

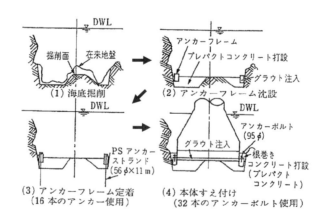

図 3.2.3　施工順序

(4)　維持管理計画

高知県における海中展望塔においてこれまで最も重要な防災対策事例は台風対策であった．一方，維持管理においては海藻，微生物，貝類などの生物付着は窓の可視性が低下するため，定期的にダイバーが潜水して除去作業を行っている．また展望塔本体は鋼製のため，海水に対する腐食対策が必要である．これらの維持コストにおいては，潜水

作業の高額化が課題となってきている．以下に台風対策と維持管理の事例を示す．

a. 足摺海底館の台風対策

　開館以来，海中展望窓が破損した例はないが台風時には必ずハッチを閉蓋し，万一の破損のためにも保険に加入している．また，足摺海底館では台風の影響により海底館付近の海底に点在する岩が転がり，外壁の FRP やモルタルに損傷をきたすことがある．このような展望塔の外壁損傷に対して，10 年程前までは損傷部周囲に枠を作成し海水を汲み出し気中の状態とし補修していたが，現在はダイバーが直接破損箇所に水中ボンドを塗り，表面を仕上げることで補修している．

　他の台風被害の事例としては，レストランから展望塔まで続く歩道の破損や歩道内の高圧ケーブルの断線，連絡橋階段部分の倒壊などが挙げられ，写真 3.2.3 に示すように直径 2m を超える巨岩が台風の影響による波力で歩道を越え移動した例さえある．そのため台風通過後にはダイバーにより海中部分の被害の有無が確認されている．

(a) 海中の様子　　　　　　　　(b) 海底に点在する岩　　　　　(c) 台風で移動した巨岩（直径 2m）

写真 3.2.3 足摺海底館の台風時の様子

b. メンテナンス

　展望窓の生物付着対策については，クリーナや電界塩素の吹付けなど物理的および化学的方法が考えられるが，足摺海底館では無害性に対する配慮から人為的方法を採用しており，地元のダイバーが週 2 回展望窓を清掃している．また，展望塔本体の塗装を約 10 年に 1 回実施し，連絡橋については写真 3.2.4 にあるように 2 年に 1 回塗装している（手摺は職員，床部分は業者が担当）．

　また，美的色彩の確保と耐久性，耐水性およびメンテナンス性の観点から外面全体を 6mm の FRP 板で被覆している．そして，海中部には外殻板と FRP の間隙にモルタルを注入し，FRP の局所的破損を防ぐと共に海水の浸入を防いでいる．

写真 3.2.4 連絡橋の手摺

3.2.4　南海地震のリスク

　足摺海底館付近の津波の想定浸水深は 15m から 20m である．設計時には考慮されておらず，新しいリスクとなる．図 3.2.4 に土佐清水市の当該地域の津波ハザードマップの一部を示す[3.2-4]．設計時には地震力は震度法で考慮されているが，津波荷重については検証されていないと考えられる．

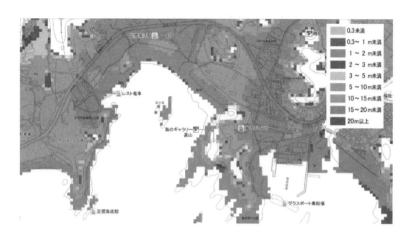

図3.2.4　土佐清水市の当該地域のハザードマップ

3.2.5　足摺海底館における海洋建築の計画と設計

　前項までに記した,「3.2.1 足摺海底館の概要」,「3.2.2 自然環境」,「3.2.3 計画概要」,「3.2.4 南海地震のリスク」の内容から足摺海底館に見る海洋建築の計画と設計における, サイト選定とシステム選定のベネフィットとリスクを整理して表3.2.1に示す.

表3.2.1　足摺海底館の計画と設計のマトリックス

			サイト選定	システム選定
ベネフィット	使用性		1)海上景観と太平洋の海中生態系を同時に楽しめる場所を選定している. 2)海中の透明度（鉛直方向20m，水平方向10m）が高い海域を選定している. 3)太平洋側の静穏な海域を選定している.	1)海上と海中の景観を楽しむ施設として，上部構造の平面形状は十字形，海中部は円筒形としている. 2)陸側から60mの沖合に設置されているため，歩道橋によりアクセスする方式としている. 3)展望塔内の上下方向の動線は二重らせん階段により確保している.
	安全性		1)太平洋側の静穏な海域を選定しているため，積雪，流氷の考慮は不要である. 2)展望塔の沈下や転倒の恐れはない良好な海底地盤のサイトを選定している.	1)海底地盤とはPSアンカーにて固定している.アンカーの強度については，現地引き抜き試験を実施して確認している.
リスク	作用リスク	永続作用	1)常時荷重は，静水圧，浮力，波力，流体力（潮流・海流）である. 2)塩害・多湿・紫外線の影響がある. 3)海中部は生物付着がある.	1)海中部は円筒形とし，流体抵抗を軽減している. 2)外殻板の腐食防止のためFRPを巻き付けて被覆している.また，鉄骨と外殻の間隙にはモルタルを充填してFRP板の局部的破損の防止と水密性の向上を図っている. 3)外殻に生物が付着するため，ダイバーによる除去が行われている.
		変動作用	1)台風・高波の常襲地帯である. 2)短期荷重は，暴風と高潮であり，最大風速は1961年　第二室戸台風での84.5m/sである. 3)設計波高は6.9m，有義波周期は16.2sである.	1)構造計画は，海域環境から予測される荷重およびその発生確率に応じて適切に行われている.また，台風・高波の常襲地帯であることを考慮し，耐候性を高めている.
		偶発作用	1)台風による海底岩石の衝突が考えられる. 2)付近を航行する船舶の衝突が考えられる. 3)今後の発生が想定されている南海トラフ巨大地震等による地震および津波による被害が考えられる.	1)鉄骨と外殻の間隙にモルタルを充填し，衝突による大変形を軽減する措置がされている.
	影響リスク	環境影響	1)着底式であるが，規模が小さいため海域生態系，水質，水産業への影響は小さいと考えられる.	1)海中展望塔は陸域の工場で製作し，フローティングクレーンで曳航して設置している.
		景観影響	1)自然景観への影響，夜間の光害が考えられる.	

参 考 文 献

3.2-1) 足摺海底館：http://www.a-sea.net/

3.2-2) 土佐清水市ホームページ：https://www.city.tosashimizu.kochi.jp/kanko/g01_kaiteikan.html

3.2-3) 望月重，小林浩：海洋建築物の設計と実際，鹿島出版会，1976

3.2-4) https://www.city.tosashimizu.kochi.jp/fs/1/2/3/8/2/9/_/NO18.pdf

3.3　ぷかり桟橋

　ぷかり桟橋は横浜港の横浜みなとみらい地区(MM21)に係留されている地下1階,海上2階建ての浮体式海洋建築物である [3.3-1].建築主と管理者は横浜市港湾局,設計は㈱日建設計,施工は日本鋼管である [3.3-2].正式な名称は「みなとみらい桟橋・海上旅客ターミナル」,通称「ぷかり桟橋」である.地階は機械室,1階はシーバスの待合室,2階はレストランとして利用されている.本節では,ぷかり桟橋の周辺環境,建築概要,歴史,自然災害による被害と対策および維持管理の観点から,サイト選定とシステム選定におけるベネフィットとリスクを整理する.さらに,浮体の動揺と居住性について,実測とアンケート調査の結果から考察を加える [3.3-3].

3.3.1　横浜港の歴史と立地環境

　ぷかり桟橋は,横浜港のみなとみらい地区（MM21地区）に係留されている.横浜港は1853年7月,米国のペリー提督の開港要求にその歴史が始まる.その5年後の1858年7月,米国の全権を委任され,後に総領事となるタウンゼント・ハリスにより日米修好通商条約が結ばれ,横浜港は1859年7月に開港した.ハリスは神奈川において開港する場所として,神奈川宿（現在の神奈川区東神奈川）あたりを想定していたという.しかし,幕府は住民と外国人の密接な接触を懸念し,当時漁村であった横浜村に一方的に港をつくってしまったと言われている.ハリスは横浜村のほうが江戸に近く,これからの貿易を考えると重要な拠点になりえると推察したらしく,そのまま受け入れたようである.1887年,当時の外務大臣大隈重信は首相伊藤博文に横浜港の整備を提言し,英国人バーマー監督の下で翌年工事が開始され,地方の漁港の一つに過ぎなかった横浜港と漁村であった横浜は国際都市への第一歩を踏み出した.

　現在の横浜港は鶴見区の沖合から金沢区の八景島にかけて73,159haの面積を有し,国際戦略港湾の役割を担うハブ港として,10か所の埠頭と249か所の岸壁（バース）を有している.ところで,10か所の埠頭の中で,大桟橋埠頭と新港埠頭が国際旅客ターミナルとして,また本牧埠頭と大黒埠頭および南本牧埠頭がコンテナを扱う埠頭そして山下埠頭,瑞穂埠頭,山内埠頭および出田町埠頭は在来貨物を主として扱い,金沢木材埠頭は砂利や特殊品さらに雑工業品を扱っており,その役割は各埠頭に分担されている.クルーズ客船の寄港数は2003年以来,わが国で第一位,コンテナの取扱いは東京湾に次いで第二位であり,東京港と並んでわが国を代表する港湾である.

　横浜みなとみらい21地区（MM21）とは,横浜市西区および中区を意味し横浜港を含む地区を差している.もともとMM21地区は,三菱重工業横浜造船所や国鉄高浜線（貨物専用線）東横浜駅の跡地そして新港埠頭をウォーターフロントとして一体化しようとして1980年代から推進された新しい計画都市である.その結果,現在のみなとみらい21地区は70階建て296.33mを誇る横浜ランドマークタワーや日産自動車本社ビル等に代表される中央地区,赤レンガ倉庫やコスモワールドに代表される新港地区そして横浜新都市ビルや横浜スカイビルがある68街区の横浜駅東口地区に区分され,横浜のベイエリアとして老若男女でにぎわっているトレンドのエリアである.赤レンガ倉庫は,2007年に歴史的建築物として経済産業省から近代産業遺産に認定されているし,コスモワールドには世界最大の時計型大観覧車「コスモクロック21」があり,このようなエリアは特に若い男女が集う場所として親しまれている.写真3.3.1に示すぷかり桟橋は,1991年にオープンし,図3.3.1に示すMM21の新港地区の岸壁に係留されている.

写真 3.3.1　ぷかり桟橋

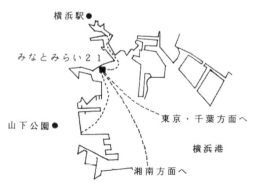

図 3.3.1　横浜港内のぷかり桟橋の位置

3.3.2　自然環境

　浮体は岸壁から30m沖合に設置されており，その海域の水深は9mである．この水深は，ぷかり桟橋の規模の浮体を設置するには十分な水深である．また，海底は東京湾に向かって緩やかに傾斜していることが知られている．

　ところで，東京湾の潮汐は半日周期の変動が卓越しており，これに伴う潮流が発生するが，ぷかり桟橋が係留されているサイトでは潮流の影響はほとんど無視できる．また，横浜港は象の鼻防波堤に代表される3か所の防波堤により，東京湾で発生した波浪は減衰し，ぷかり桟橋への波浪の影響はほとんどないものの，横浜港内で発生した波浪には対処する必要がある．一方，風速に関しては，ぷかり桟橋から約2.4kmの位置にある横浜海洋気象台の観測データが参照されており，100年再現期待値は37.7mである．

　こうした海象環境のもとで，構造計算に用いた基本風速と波浪荷重の推算は「海洋建築物安全性評価指針」[3.3-4]に基づき表3.3.1，3.3.2に示す値が採用されている．なお，港内波浪の推定にあたっては，吹送距離を3kmとして風と波の再現確率も同じとして有義波法によるSMB法が用いられている．

表 3.3.1　設計用基本風速

	基本風速(m/sec)	備考
常時・避難時	31	10年確率
暴風時	40	100年確率

表 3.3.2　設計用波浪

	風速(m/s)	波高 H1/3(m)	周期 T(S)	波長 L(m)	備考
常時・避難時	31.0	1.27	3.2	16.0	10年確率
暴風時	40.0	1.66	3.5	19.0	100年確率

3.3.3　建築概要

　ぷかり桟橋は，横浜港東口から赤レンガ倉庫をへて山下公園航路の海上バスの発着所のほかアフターコンベンションのクルージング，港内観光などを目的とするみなとみらい21地区の海の玄関口として活用されている．その建築面積は，222.01m²，延床面積486.72m²である．図3.3.2に示すように，建築物の階数は地下1階，地上2階建てである．地下部は鋼板溶接構造と鉄筋コンクリート構造からなるハイブリッドポンツーンが採用されており，上部は鉄骨構造である．船舶でよく用いられる排水量は，構造体が静水中で平衡状態を保って浮いているとき排除する水の量を意味するが，浮体でも用いられ，浮体構造物の重量でもあるぷかり桟橋の排水量は1253トンである．浮体構造物の概要を図3.3.2に示す．係留には2基のコンクリートドルフィン＋ゴムフェンダーによるドルフィン係留が用いられており，潮の干満による2m程度上下することが可能なように設計されている．

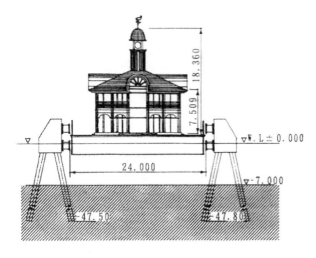

図 3.3.2　浮体構造物の概要

3.3.4　法規，基準および指針

　港湾内の波浪の推定に，日本建築センター編の海洋建築物安全性評価基準に基づいて算定したことは先に述べた．また，ぷかり桟橋は地上2階建てであり，陸域へのアクセスは，1階はシーバスの待合所，2階はレストランとして営業している公的役割を担う浮体構造物であり，通称の所以となっている長さ70mと50mの浮桟橋が併設されている．したがって，設置にあたっては，建築基準法・同施工法や船舶安全法をはじめとする次に示すさまざまな法規と基準が適用されなければならない．

・建築基準法・同施工法
・船舶安全法
・港湾法
・消防法
・海洋建築物安全性評価指針（日本建築センター）
・浮体構造物技術マニュアル（案）（沿岸開発技術研究センター）
・鋼構造設計基準（日本建築学会）
・道路橋示方書・鋼橋編（日本道路協会）
・鋼船規則・鋼製はしけ（日本海事協会）
・港湾の施設の技術上の基準（日本港湾協会）

3.3.5　耐久性のための防食計画

　ぷかり桟橋は，常時海風にさらされており，耐久性向上のための仕上げは極めて重要であり，以下のとおりである．

外装：熱線反射ガラスおよびステンレスカーテンウォールフッ素樹脂塗装
内装：プラスターボード塗装とビニールクロス仕上げ
床　：フローリングブロック，長尺塩ビシート仕上げ
天井：プラスターボード塗装，木製格子天井
屋根：木毛板下地，ステンレス板葺，フッ素樹脂塗装

　さらに耐久性を向上させるために，上部の鉄骨構造には重防食塗装を施し腐食代を設けている．下部ポンツーンは腐食代を設けるとともに鋼板を鉄筋コンクリートで被覆し，さらに側面はフッ素樹脂加工を施している．また，鉄筋コンクリートに関しては，鉄筋のかぶり代を増し，コンクリートの水-セメント比を40％に下げており，塩分の透過性の低下を図っている．

3.3.6　構造設計の概要

　対象となる構造物は，基礎である下部浮体と，下部浮体と一体となっている上部建屋と係留装置から構成されている．上部建屋は鉄骨構造とすることにより軽量化と復原性を確保し，設計用荷重に対して各部材応力が日本建築学会の「鋼構造設計規準」による許容応力度以下となるような設計がなされている．さらに層間変形角に関して暴風時においても1/200以下となるような剛性を有するとしている．設計用荷重は，固定荷重，積載荷重，風向による荷重の変化を考慮した風圧力，動揺による慣性力や傾斜による水平力を考慮した波浪荷重を組み合わせた荷重が採用されている．構造解析にあたっては，水平荷重および鉛直荷重に関してマトリックス変位法による立体骨組解析が用いられている．

　下部構造は係留船の規格に従っており，主要部材の断面に関しては，固定荷重，積載荷重，風荷重，波圧，動揺による揚圧力，静水圧，浮力，連絡橋からの反力，上部建屋柱脚応力，係留反力に対して，上部構造と同様の立体骨組解析が実施され，解析結果である応力は鋼船規則に従うような設計が行われている．最終的な設計目標はこうした強度を満足するだけでなく，バージの十分に余裕のある鉛直剛性と復原性の確保である．さらに，船舶等が衝突する非常時リスクを考慮して浮体外周には水密区域が設けられており，10年期待値風速時および100年期待値風速時について十分な復原力特性が得られるように考慮されており，一部に損傷が生じて浸水したとしても水面より出ている部分，すなわち乾舷が0㎝にはならないような配慮がなされている．

3.3.7　係留システム

　係留システムは，潮の干満により 2m 程度上下することを考慮し，2 基のコンクリートドルフィンに対して 3 基ずつ，計 6 基のフェンダーで構成されている．図3.3.3 に係留システムの概要を文献 3.3-2) より示す.

　フェンダーは船舶の接岸にも用いられる円筒形のゴムを採用し，浮体に作用する風波のエネルギーを吸収することによりドルフィンに外力を伝達する機構が採用されている.

　なお，係留反力に関してはフェンダーを弾塑性ばねにモデル化し，波スペクトルは Bretschneider，風スペクトルは Davenport により求めた変位および加速度を外力とする数値シミュレーションにより安全性が確認されている.

　また，浮体から突出している鋼製の腕は浮体にボルト接合しているため，波浪による繰り返し応力に対するボルトの疲労が検討されている．寿命予測はマイナー則を用いるとともに，定期点検時の確認事項としている．鋼製の腕は水中に半没しているため，防食に関しては，重防食塗装と電気防食を併用し防食効果の向上が図られている.

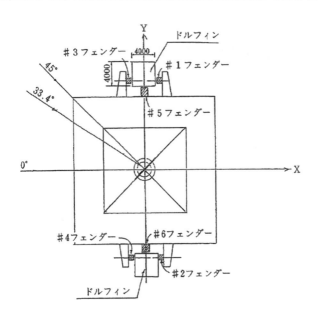

図 3.3.3 係留システムの概要 3.3-2)

3.3.8　動揺計測とアンケート調査 3.3-5)

　実在の浮遊式建築物に対する動揺と居住性を調査するために，主に加速度による動揺計測とぷかり桟橋への来訪者と従業員へのアンケート調査が行われた．本節ではこれらの結果についても文献3.3-5)から引用し紹介する.

　調査は 1992 年 9 月 28 日と 10 月 9 日の 2 日間行われた．両日とも海象条件は比較的穏やかであり，天候は晴れであった．なお，山下埠頭で計測された風速の最大値は各計測時間で概ね 10m/sec 程度であった.

a. 動揺計測

　計測にあたっては，図 3.3.4 に示すようなヒーブ，サージおよびスウェイの 3 方向の加速度を，さらにロールとピッチの 2 方向の傾斜角を計測した．3 方向のそれぞれの加速度は積分コンディショナーを用いて積分し，変位に変換し動揺に関しても数値的に確認することとした.

　1 回の計測時間は 15 分間とし，原則として 30 分間隔で計測した．計測データは一旦アナログデータとしてデータレコーダに記録し，A-D 変換したのちにデータアナライザーにより解析した．計測装置を写真 3.3.2 に示す．なお，計測位置は図 3.3.4 に示すように，ターミナル 2 階の非常階段付近とした．計測を実施した両日とも 15:30～15:45 の計測値において，加速度および傾斜角がともにその日の最大となっていた．この時間帯におけるヒーブ，サージ，スウェイに関する加速度の時刻歴波形とロール，ピッチの傾斜角に関する時刻歴波形およびこれらに対する周波数スペクトルを図3.3.5，3.3.6 に示す．ほぼ正方形の平面であるため，いずれの運動も同様な傾向が見られ，すべての観測に関して 0.2Hz 付近でスペクトルの卓越が観測された．いずれの運動も極めて小さな加速度運動と傾斜角であり，陸上構造物に比べて大きな動揺の特性は観測されていない.

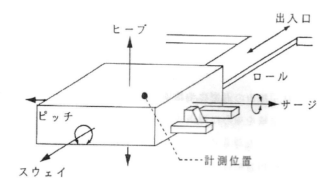

図3.3.4　計測位置と運動の方向

写真3.3.2　計測装置

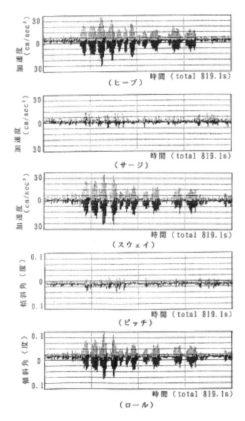

図3.3.5　時刻歴波形

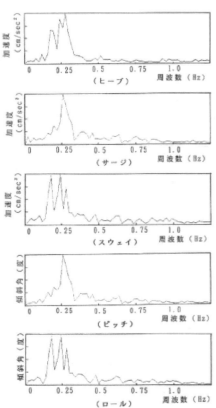

図3.3.6　周波数スペクトル

b.　アンケート調査

　アンケートの対象は，滞在時間の短い来訪者と長時間わたって滞在しているぷかり桟橋およびレストランの従業員であり，それぞれ別の内容について調査した．来訪者に関しては，性別・世代の偏りに留意し，1階の待合室や2階のレストランにおいて実施した．その結果，2日間で男性39人，女性59人，そして世代別では20代を中心に10代から60代まで，さまざまな職種の合計98人から回答を得ることができた．

　来訪者に対する設問の中心は，(a)性別，(b)年齢，(c)アンケート受けた位置，(d)アンケート時の揺れに対する知覚，(e)不快感，(f)不安感，の6項目である．これらのうち，揺れの知覚レベルは，〝感じない″～〝非常に感じる″の4段階の回答を得るようにし，不快感と不安感については〝不感～非常に不快あるいは非常に不安″の5段階で回答を得るようにアンケート用紙を作成した．

　ぷかり桟橋とレストランの従業員に対しては，揺れに対する「慣れ」に要した期間を加味してアンケートを実施した．設問には動揺を過敏に意識させないようにするため，動揺と関係ない〝訪問の目的″や〝建物の印象″も含め，自然な回答が得られるように配慮している．

　全体的な傾向として，アンケート回答者に対して80％が揺れを知覚しており，揺れを知覚した人の51％が不快感を抱き，17％が不安感を感じているとの結果であった．

　性別で比較すると，揺れ知覚の比率は男女ともにそれぞれ80％であるが，不快感を訴えたのは男性が29％，女性は66％，さらに不安感を訴えたのは男性が6％，女性は23％であり，この結果からみると揺れの知覚は男女の差はないが，不快感や不安感は女性のほうが敏感であることが推察された．また，不快感と不安感には相関がみられ，揺れに対して不安感を抱く人は同時に不快感も抱いている傾向が見られた．

　ぷかり桟橋を訪れる人の多くは20代である．10代から20代の若年層と30代以上の体感傾向を比較すると，若年層のほうが不快感，不安感を訴えている割合が多く，若年層のほうが揺れに対する知覚が敏感であると考察された．

　ぷかり桟橋は1階がシーバスの待合室，2階がレストランである．全体的に2階のほうが1階よりも揺れを知覚する者の割合がかなり高い結果が得られているが，不快感，不安感の感じ方の程度に差が生じていない．レストラン利用者は比較的長時間滞在している場合が多く，心理的にリラックスしているのに対して，1階の来訪者はに揺れに対してナーバスになっている可能性があると分析している．調査日による不快感と不安感の度合いを図3.3.7(a)に示し，1階と2階のそれらの度合いを図3.3.7(b)に示しておく．

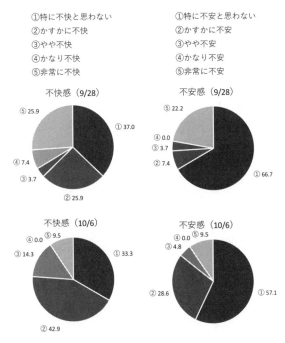

(a)　調査日による不快感と不安感の度合い

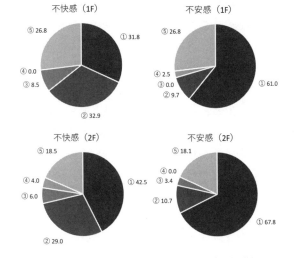

(b)　1階と2階の不快感と不安感の度合い

図3.3.7　不快感と不安感の度合い（数値の単位は％）

c.　計測値とアンケート調査の関係

　　2日間のアンケートの実施時間と動揺計測時間を対応させ，動揺量がほぼ同程度範囲をグルーピングした集計結果を表3.3.3に示す．これらの結果を基に，各動揺量の感覚程度の相関を表した結果を図3.3.8に示す．動揺計測では水平運動が大きいときは，鉛直方向と回転方向の運動量も大きい傾向があったのに対して，アンケート調査の結果では，おおむね水平運動と鉛直運動には反応するが，回転運動はあまり意識されていないことが推測される．

表3.3.3　知覚の程度のグルーピング

	加速度（gal）	知覚	不快	不安
鉛直運動	7.5	1.75	1.19	1.10
	10.0	2.55	1.68	1.18
	17.0	2.25	1.63	1.18
	24.5	2.75	1.50	1.08
水平運動	7.8	2.13	1.51	1.16
	11.6	2.20	1.48	1.13
	17.3	2.11	1.50	1.11
	23.4	2.62	1.69	1.15
	角度（度）	知覚	不快	不安
回転運動	0.2	2.18	1.38	1.13
	0.3	2.51	1.71	1.22
	0.5	2.17	1.75	1.00
	0.7	2.35	1.55	1.13

知覚の程度：　　1＝感じない，　　2＝かすか，
　　　　　　　　3＝はっきり，　　4＝強く
不快（不安）の程度：
　　　　　　　　1＝思わない，2＝かすか
　　　　　　　　3＝やや，4＝かなり，5＝非常に

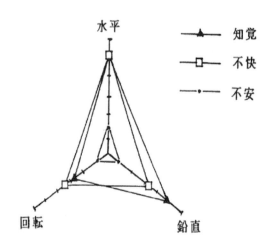

図3.3.8　各動揺量の感覚程度の相関

d.　従業員に対する調査結果

　　来訪者と従業員の決定的な差は滞在時間である．総じて，勤務してから長期間を経過した者も不快を感じている者が半数を超えている結果を得ている．分析では，揺れに対して，慣れに関係なく，滞在時間の長さが不快感を抱かせる原因であると推測している．

　　一方，揺れに対して慣れに要した期間を男女別に比較しているが，男性は数日から数週間で同様に慣れているが，女性はほとんどの人が数か月かかると回答しており，全体的に女性のほうが慣れに要する期間が長くなる傾向にある．

3.3.9　ぷかり桟橋における海洋建築の計画と設計

　　前項までに記した「3.3.1 立地環境」，「3.3.2 自然環境」，「3.3.3 建築概要」，「3.3.4 法規，基準および指針」，「3.3.5 耐久性のための防食計画」，「3.3.6 構造計画の概要」，「3.3.7 係留システム」，「3.3.8 動揺計測とアンケート計画」の内容からぷかり桟橋にみる海洋建築の計画と設計におけるサイト選定とシステム選定におけるベネフィットとリスクを整理して表3.3.4に示す．

　　ぷかり桟橋はわが国で初めての浮体式のターミナルであり，1991年11月にオープンしている．ぷかりさん橋の役割は，横浜駅東口，赤レンガパークや山下公園への定期船の待合所また港湾の観光クルーズ船のターミナルであり，さらに土曜日，日曜日，祝日には個人のプレジャーボートやヨットの利用が可能である．

　　港湾の波浪は3か所にある防波堤を通過する過程で，湾外からの波は減衰し湾内で生成される波浪を対象として波浪荷重が設定されている．また，潮位差については，係留装置としてドルフィン係留を採用し，大きな潮位差に対応できるようにしている．

　　海上に設置されることにより，維持管理に関してはさまざまな工夫がなされている．その例として，錆による腐食のリスクが大きいため，上部構造の鉄骨については腐食代を考慮した断面算定を行っており，また，重防食塗装を施している．下部構造は鉄骨構造と鉄筋コンクリート構造からなるハイブリッド構造であるため，コンクリートにはフッ素樹脂塗装とし，鉄筋にはかぶりを大きくし，さらに水‐セメント比を40％程度として塩分の浸透性を下げている．

　　ドルフィン係留装置には腐食代を考慮した設計をし，重防食塗装かつ電気防食を併用して防食能力の向上を図って

いる.

　構造解析にあたっては，マトリックス変位法による立体骨組解析が用いられている.

　一方，動揺計測と滞在者へのアンケート調査によると，水平方向と鉛直方向の揺れには揺れを感じる知覚の敏感さと不快と感じる程度には高い相関がみられ，回転運動はあまり意識されない結果が得られた. また，従業員への調査から，長期間を経た場合も揺れに対する不快を感じており，「揺れ」に対して「慣れ」の相関は低く，滞在時間が長いと不快を感じるとの結果も得た.

　今後の浮体式海洋建築物に設置にあたっては，揺れが小さくても不快を感じる人が必ずいることを前提として設計する必要がある.

表3.3.4　ぷかり桟橋の計画と設計のマトリックス

			サイト選定	システム選定
ベネフィット		使用性	1)岸壁から30mの距離で陸域へ浮き桟橋でアクセスが可能である. 2)潮流の影響が無視できる. 3)外洋からの波浪は3基の防波堤により減衰する. 4)海上2階のレストランから横浜港が眺望できる. 5)MM21地区にあり，人々が集うトレンドエリアとなっている.	1)地下（海中）海上2階建ての浮体式としている. 2)浮桟橋よりアクセスが可能である. 3)平面形状はほぼ正方形であり，いずれの方向の運動もほぼ同一となっている. 4)ドルフィンアンカーにより位置を保持している.
		安全性	1)水深9mであり，潮の干満から生じる上下の変動を許容するなドルフィン係留が可能である. 2)船舶（シーバス）等の衝突が生じても陸域への非難が容易である.	1)下部構造（バージ）の十分な鉛直剛性と復原性を確保している.
リスク	作用リスク	永続作用	1)港湾内の波浪による波圧，固定荷重，積載荷重，風荷重，動揺による揚圧力，静水圧，浮力，連絡橋からの反力，係留反力を考慮している. 2)塩害・多湿・紫外線による影響がある.	1)腐食防止対策として，上部の鉄骨構造に腐食代と重防食塗装を施している. 2)マトリックス変位法による立体骨組解析を実施している. 3)下部構造の腐食防止対策として，腐食代を設け，RCによる被覆をし，側面はフッ素樹脂加工を施している. 4)RCに十分なかぶり代を確保し，W/Cを40％に低減している.
		変動作用	1)暴風，高潮が作用することがある. 2)常時・避難時の波浪として，設計波高は1.27m, 波周期は3.2s，波長は16m(10年再現確率)である. 3)暴風時の波浪として，設計波高は1.66m, 波周期は3.5s，波長は19m（100年再現確率）である.	1)海域環境から予測される荷重強度と発生確率に応じた，適切な構造計画が行われている. 2)マトリックス変位法による立体骨組解析を実施している.
		偶発作用	1)船舶の衝突が考えられる.	1)非常時リスク（船舶等の衝突）を考慮し水密区域を設け復原性を確保している.
	影響リスク	環境影響	1)海域生態系や水質への影響がある.	
		景観影響	1)自然景観への影響，夜間の光害がある.	

参考文献

3.3-1) 新しい事例の紹介と課題の分析（資料1），国土交通省，港湾局　振興課，2008. 10. 9,
　　　　http://www.mlit.go.jp/common/000025355.pdf.

3.3-2) 福田陽一，飯田俊雄，西口勝臣，みなとみらい21地区・国際ゾーン桟橋制作工事，ビルディングレター，
　　　　㈶日本建築センター，　pp.13-17，1991.12

3.3-3) 海洋建築の計画・設計指針，日本建築学会，2015

3.3-4) 海洋建築物安全性評価指針，日本建築センター，1990

3.3-5) 野口憲一，遠藤龍司，小林昭男，安藤正博，加藤武彦，実在浮遊式海洋建築物の動揺計測と居住性について，
　　　　－MM21地区海上ターミナルの場合－，第12回海洋工学シンポジウム，pp.365-370，日本造船学会，1994.1

3.4　T.Y.HARBOR River Lounge

　T.Y.HARBOR River Lounge（旧WATER LINE，写真3.4.1）は，東京都が2005年度に策定した「東京の水辺空間の魅力向上に関する全体構想」の一施策である「運河ルネッサンス（事業）」の一つとして位置付けられた第1号案件である．具体的には，品川浦・天王洲地区運河ルネッサンス協議会（登録協議会）が作成した「運河ルネッサンス計画」を受けて東京都は品川浦・天王洲地区を「運河ルネッサンス推進地区」として指定した．その指定区域内では水域占用許可基準が緩和されることから，運河ルネッサンス計画に基づく事業展開としての商業利用が可能となり，民間事業者である寺田倉庫およびその関連会社である㈱タイソンズアンドカンパニーが天王洲運河上に飲食店舗「浮体式水上レストラン」を建設することになった．ここでは当該建築物の計画・設計を進めて行く上で様々な関連法規や規制の難しさをどのようにクリアし実現したのかを紹介する．

写真3.4.1　T.Y.HARBOR River Lounge

3.4.1　立地環境

　計画地を図3.4.1に示す．計画地は東京モノレール「天王洲アイル駅」の西側約200mの天王洲アイル地域の北西角にあたるエリアで天王洲運河上の水面であり，天王洲水門と目黒川水門の内側に位置している．1985年「天王洲総合再開発協議会」の発足以降，総面積22haに及ぶ大規模の都市開発により発展してきた天王洲アイルにあって，計画地周辺は以前の品川の臨海部における倉庫街の面影を残した景観が特徴となっており，本建築物はそうした倉庫の一つを改装したレストランT.Y.HARBOR（既存施設）の増築として計画された．

図3.4.1　計画地

3.4.2　建築概要

　本建築は，下部構造としての台船（バージ）の上に上部構造（平屋建物）を乗せたような形状である．係留は，潮位差に対するために4本の係留杭と上下のスライド機構を持つドルフィン係留によって運河上に位置を保持している．また，潮位差を吸収する可変階段と可変桟橋により写真3.4.2に示すように護岸と接続している．さらに，可動桟橋に近接して浮桟橋を設置し，船舶で来訪する客などへの利便性を図っている．

写真3.4.2　台船と可動桟橋

3.4.3　法的な位置付け

　浮体構造物の安全性については，国土交通省海事局が係留船，港湾局が港湾施設，住宅局が海洋建築物というそれぞれの見方に基づき，それぞれの法規（船舶安全法，港湾法，建築基準法，消防法）および関連法規の適用が義務付けられている．以下に，本建築物における法的考え方の概要を記す．

①　公共物である運河の一定区域を利用するにあたり，管理者である東京都より水域占用許可を得る．

②　水上レストランは建築基準法，消防法等の摘要を受ける建築物として扱い建築確認申請の手続きを行う．

③　建築確認申請に際しし，浮体構造物ならではの技術的課題があるため構造の安全性については，大臣認定を取得することが条件である．

④　船舶としての性能は建築行政が審査する対象ではないので，船舶安全法に基づく船舶検査を受け，検査済み証

を取得する必要がある.

⑤ 浮体式水上レストランと護岸を結ぶ桟橋については，建築基準法，船舶安全法の審査対象ではないことから行政が法に基づき許可を与えるものではないが，本事業主は固定桟橋・可動桟橋共に技術指針に従い計画することが要求される.

(1) 建築関連法規

写真3.4.3に見られる運河上の水面は，都市計画法第7条第3項に定められた市街化調整区域に指定されているため，都市計画法第43条第1項の規定による建築物の新築の許可申請を行った. 護岸および水面上のエリアは，既存レストランの敷地と一体と見なされるため，本浮体建築は既存レストランの増築として建築基準法における用途上不可分の建物扱いとして計画した. 建築確認申請に際しては浮体構造物ならではの技術的課題があるが，日本建築センターの「海洋建築物安全性評価指針」に基づくと，慣用の船舶設計法の採用が認められる. このため設計の中に一部船舶安全法による設計法を取り入れ，日本建築センターの性能評価書をもって大臣認定を取得している. また，天王洲運河は臨港消防署の管轄ではなく品川消防署の管轄となることから品川消防署の予防課と建築確認申請の事前協議を経て，一般的な陸上の建築物と同様に消防関連法規の適用を受けて消防設備を設けている.

写真3.4.3 船体デッキから見る天王洲運河

(2) 船舶関連法規

本浮体は，上部構造（甲板より上の鉄骨構造体部分）および下部構造（甲板を含む鋼船構造体部分）が新設され，法規上推進装置を持たない「非自航の係留船」として位置付けられた. 船舶安全法に基づく検査を申請し，設計時，製造時，完成時の節目で国土交通省関東運輸局担当支局の船舶検査官の指導に基づき建造し，検査済証を得ることで浮体構造物（船舶）として認可された. 船体主体部（下部構造）については「船舶構造規則」が，旅客設備（上部構造）については「船舶設備規定」が，救命設備については「船舶救命設備規則」が，消防設備については「船舶消防設備規則」が，排水設備については「船舶構造規則」が，船体の安定性については「船舶復原性規則」などが適用され，それぞれ定められた内容に則り計画している. 各種安全性に関する規則を表3.4.1に示す.

表3.4.1 船舶関連法規

安全対象部位	船舶関連法規
船体主体部分	船舶構造規則
旅客設備	船舶設備規定
救命設備	船舶救命設備規則
消防設備	船舶消防設備規則
排水設備	船舶構造規則
船体の安定性	船舶復原性規則

3.4.4 構造概要

本建築物は地上1階・地下1階の浮体建築物（上部構造＋下部鋼船構造）と，海上で浮体建築物を固定する係留システムから成る浮体式海洋建築物である. 主要用途はレストランで，1階（甲板上）を営業エリアとし，下部構造（平台船）内部に設備スペースおよび収納庫を設けている（写真3.4.4）.

写真3.4.4 平台船と建築物の区分

浮体建築物の架構形式は上部構造がX方向（桁行き方向）4.80m×4スパン，Y方向（スパン方向）9.00m×1スパンの鉄骨純ラーメン構造で，1FLからの高さは軒で3.01m，最高部で3.08mとなっている．下部構造は板厚t=9mmの鋼殻を持つ鋼船構造で，使用材料は梁H形鋼：SS400，角形鋼管柱：BCR295，ダイアフラム：SM490Bとした．なお，GLは海面レベルとしており，GLから1FLまでの高さを1.25mとした．

また，本建物は係留システムとして4本の鋼管杭を海面下の地盤に打ち込み，スライダー式の係留装置によって浮体建築物の上下方向以外の移動を拘束している．以降の説明上の混乱を避けるため，表3.4.2のように名称を整理した．

表3.4.2　浮体式海洋建築物の名称

全体名称	部位名称	部位説明
浮体建築物	上部構造	甲板より上の鉄骨構造
	下部鋼船構造	甲板を含む鋼船構造（平台船）
係留システム	係留杭	鋼管杭
	係留装置	スライダー

上部構造と下部鋼船構造の接合部は，張間方向・桁行方向共に剛接合とし，柱脚曲げ応力を下部構造外板および隔壁に伝達させる．また，係留システムとしては浮体建築物の四方の角付近に杭径500φの鋼管杭4本を打ち込み，スライダーにより浮体建築物を上下方向以外の移動がないよう拘束している．使用材料は鋼管杭：SKK400，スライダー：SS400・SUS304とした．図3.4.2に屋根伏図，図3.4.3に軸組図を示す．

本建物の上部構造に関しては建築基準法のみの適用を受けるが，下部構造・係留装置については実質的に船舶であることから，国土交通省運輸局より船舶安全法による係留船としての取扱いを受けることになった．

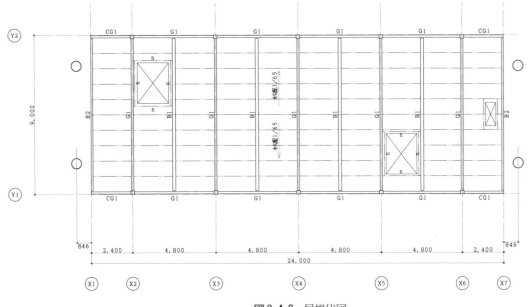

図3.4.2　屋根伏図

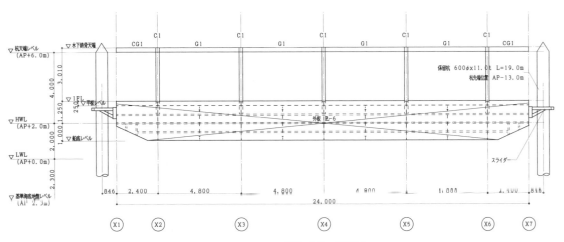

図3.4.3　軸組図

3.4.5　地形・海洋概要

　本建設地である高浜運河は東京湾沿岸から1km程内陸に位置し，水門により閉鎖可能な平水域である．潮流はほとんど見られず，高潮の際には水門を閉じるため，沿岸部に見られるような波による外乱はほぼないに等しいと考えている．また，暴風時における波浪の発生も少なく，考慮される最大の波は運河を航行する他の船舶が発生させる引き波程度である．なお，水深は平均海水面から3.5m程度と浅く，潮位の高低差は最大2.0mである．

3.4.6　設計方針

　設計における適用法令としては，浮体建築物の「上部構造」は建築基準法，「下部構造」は船舶安全法，「係留装置（係留杭・係留器具）」については船舶安全法と建築基準法の両方を適用した．図3.4.4に全体構造設計フローを示す．

　各種部材設計は，それぞれの設計手法に基づき設定した静的な外力に対して，許容応力度以下であることが確認された．また，地震時の検証としては浮体建築物と係留システムの相互干渉を想定した時刻歴応答解析を行い各種部材の安全性が確認されている．

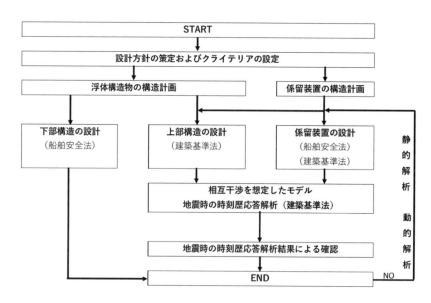

図3.4.4　全体構造設計フロー

3.4.7　上部構造の設計方針

(1)　要求性能

　浮体建築物の上部構造の安全性を確保するために，表3.4.3に示す荷重状態に応じた安全性判定基準が設定された．なお，上部建屋の設計においては，日本建築センター「海洋建築物安全評価指針」に基づき，耐用年数20年を想定した錆代を見込み，鉄骨材の断面係数を10%低減した．風荷重（W）は「建築基準法施行令第87条」と再現期間500（Wの1.25倍の風速）となっている．

表3.4.3　浮体建築物の安全性判定基準

想定する外力	組合せ荷重	判定基準
常　　時	$G+P$	長期許容応力度以下
地　震　時	$G+P+K$	短期許容応力度以下 層間変形角 1/200 以下
風荷重時 （50年)	$G+P+W_{50}$	短期許容応力度以下 層間変形角 1/200 以下
暴　風　時 (500年)	$G+P+W_{500}$	短期許容応力度以下 層間変形角 1/100 以下
積　雪　時	$G+P+S$	短期許容応力度以下
1.4倍 積雪時	$G+P+1.4S$	短期許容応力度以下

G：固定荷重，P：積載荷重，W:風荷重，S:積雪荷重

(2) 耐震性能

　耐震設計は，標準層せん断力係数Co＝0.3として定めた設計用地震層せん断力に対して，短期許容応力度以下であることが確認された．また，相互干渉を想定したモデルによる時刻歴応答解析を行い，応答結果は表3.4.4に示す耐震安全性判定基準を満足することが確認されている．

表3.4.4　耐震安全性判定基準

地震規模	判定基準
稀に発生する地震	短期許容応力度以下 設計用地震層せん断力以下 (標準せん断力係数　Co=0.3) 層間変形角　1/200以下
極めて稀に 発生する地震	短期許容応力度以下 層間変形角　1/150以下

3.4.8　下部構造の設計方針

　下部構造についての要求性能は，沈没・腐食・居住性に対する安全性の確保であり，船舶安全法関連規定に基づいた部材断面・重量重心トリム・復原性の計算を行うことで性能を満足させている．なお，船舶安全法関連規定とは日本海事協会編「鋼船構造規定」（別称NKルール）を示す．

3.4.9　係留システムの設計方針

(1) 要求性能

　係留システムは浮体建築物が受ける風荷重・波圧荷重または係留杭自身が受ける地震力に対して，係留杭・係留装置（写真3.4.5）を構成する部品（フレーム・ボルト・ガイドローラーピン・溶接部位）に対する設計が行われた．係留システムの断面図と平面詳細図を図3.4.5，3.4.6に示す．また，係留杭の安全性の判定基準は，表3.4.5に示すように，船舶安全法関連規定＜(社)日本マリーナビーチ協会編「プレジャーボート用浮桟橋設計マニュアル」＞と建築基準法に基づいている．

写真3.4.5　係留システム

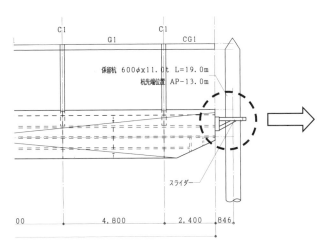

図3.4.5　係留システム断面図

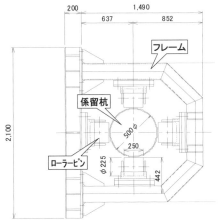

図3.4.6　係留システム平面図

（2）耐震設計

　地震力に対しては，係留杭と係留装置の相互干渉を想定したモデルによる時刻歴応答解析を行い，応答結果が表3.4.5に示す耐震安全性判定基準を満足することが確認された．なお，表3.4.5において，H_{WAV}は波圧荷重である．

表3.4.5　係留システム安全性判定基準

想定する外力	荷重組合せ	判定基準
風荷重＋ 波圧荷重時	$W+H_{WAV}$	長期許容応力度以下 杭頭変位　10cm 以下
暴風荷重＋ 波圧荷重時	$W_{500}+H_{WAV}$	短期許容応力度以下 杭頭変位　15cm 以下

地震規模	判定基準
稀に発生する地震	弾性限耐力以下
極めて稀に発生する地震	塑性率 μ =5.0 以下

3.4.10　係留装置（スライダー）の設計方針

（1）要求性能

　係留装置の安全性については，表3.4.6に示す荷重状態に応じた安全性判定基準が設定された．

（2）耐震設計

　地震力に対しては，係留杭と係留装置の相互干渉を想定したモデルによる時刻歴応答解析を行い，耐震安全性判定基準を満足することが確認されている．

表3.4.6　係留装置安全性判定基準

想定する外力	荷重組合せ	判定基準
風荷重・ 波圧荷重時	$W+H_{WAV}$	長期許容応力度以下
暴風荷重・ 波圧荷重時	$W_{500}+H_{WAV}$	短期許容応力度以下

地震規模	判定基準
稀に発生する地震	弾性限耐力以下
極めて稀に発生する地震	塑性率 μ =5.0 以下

3.4.11　時刻歴応答解析

(1)　解析方針

　時刻歴応答解析は，浮体建築物および係留システムの相互作用を想定した振動解析モデルを作成し，入力地震は既往波3波（EL CENTRO NS, TAFT EW, HACHINOHE NS）と建設省告示第1461号による模擬地震動（以下，告示波という）3波の計6波が採用された．

(2)　解析モデル

　1)　振動系モデル

　本建物は鋼管杭により浮体建築物を係留するという構造上の特殊性から，地震入力時の全体または相互の挙動を正確に推し量ることが非常に難しいため，モデル化は「浮体に対する水の抵抗が無限に大きい場合(MODEL.A)」と「浮体に対する水の抵抗を無視した場合(MODEL.B)」の2タイプで行われた．なお，解析モデルは，浮体建築物および係留システムの相互作用を想定した10質点系等価せん断型モデルで，8質点系杭モデルと2質点系浮体モデルを係留装置のばねで接続し，減衰定数はh＝0.02の瞬間剛性比例型とした（図3.4.7）．

　杭地中部のモデル化は地盤に埋め込んだ範囲を地盤水平ばねで評価し，埋込長さの1/2の以深については固定支持とした．また，係留装置（スライダー）のばねは，杭－ガイドローラー（ゴム製の防弦材）間のクリアランス（10mm）とゴム自体の剛性を考慮したせん断ばねとし，モデルにおける接続高さは浮体が平均海面レベルにある時点を想定している．

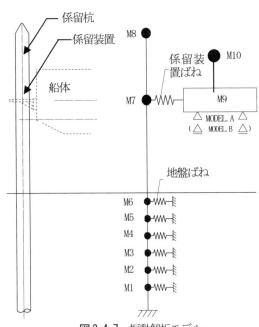

図3.4.7　振動解析モデル

　2)解析方法

　時刻歴応答解析は，直接積分法（Newmark－β法［β＝1/4]）により，積分時間刻みは0.001秒とした．

(3)　スケルトンカーブの設定

　1)　鋼管杭

　鋼管杭の弾性剛性は，別途静的解析により求めた荷重－変形関係を基に杭の曲げ変形を考慮した等価なせん断剛性とした．また，履歴特性・復元力特性は，杭の危険断面位置を水平地盤ばね位置の直上（質点M4〜M5間のM4質点境界位置）に設定し，危険断面位置におけるスケルトンカーブの形状はバイリニア標準型とした．なお，初期勾配K_1は弾性剛性，Q_yは弾性限耐力とした．図3.4.8に係留鋼管杭の履歴特性を示す．

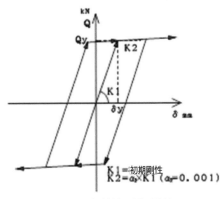

図3.4.8　係留鋼管杭の履歴特性

　2)　係留装置（スライダー）

　係留装置のスケルトンカーブにおける履歴特性は，杭－ガイドローラー（ゴム製の防弦材）間のクリアランス（10mm）とゴム自体の変形特性を考慮した逆行型を採用した．なお，図3.4.9において，K1はクリアランスを表現するために非常に小さい値(0.1 kN/mm)とし，K2ではゴムの荷重－変形特性に応じた剛性とした．

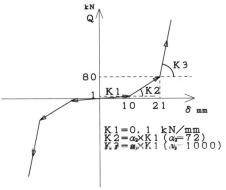

図3.4.9　係留装置の履歴特性

3）水平地盤ばね

　水平地盤ばねの弾性剛性は水平地盤反力係数 kh により求めた．地盤のひずみ変形による剛性低下は，履歴特性が不明確であるため考慮されていない．

3.4.12　時刻歴応答解析結果

(1)　稀に発生する地震

1）船体補強（係留装置取付部）

　稀に発生する地震時の船体補強の検討では，係留装置に作用する水平力による曲げモーメントが，特設肋骨の部材の短期許容応力度以下であることが確認された．

2）係留装置（スライダー）

　係留装置ばねの最大応答せん断力(MODEL.B：170.5kN〈補正後 178.7kN〉HACHINOHE NS)に対して，係留装置の各部材が短期許容応力度以下であることが確認された．

3）係留杭

　係留杭の危険断面位置における最大応答曲げモーメント(MODEL.B：1028.7kN・m：HACHINOHE NS)は，鋼管杭の全塑性モーメント($M_p=Z_p\times\sigma_y\times1.1=2451$kN・m)以下となり，鋼管杭が弾性限耐力以下（安全率2.38）であることを確認した．また，杭頭変位についても，最大応答値(MODEL.B：20.1cm：HACHINOHE NS)が判定基準値の30cm以下であることが確認された．

(2)　極めて稀に発生する地震

1）船体補強（係留装置取付部）

　レベル2地震時に対する浮体構造（バージ）の検討において，係留装置に作用する水平力による曲げモーメントが，特設肋骨の部材の短期許容応力度以下であることが確認された．

2）係留装置（スライダー）

　係留装置の最大応答せん断力(MODEL.B：310.8kN〈補正後 320.1kN〉HACHINOHE NS)に対して，係留装置の各部材が弾性限耐力以下（全塑性モーメント：$M_p=Z_p\times\sigma_y\times1.1$以下）であることが確認された．

3）係留杭

　係留杭の危険断面位置における最大応答曲げモーメント(MODEL.B：1869.4kN・m：HACHINOHE NS)は，鋼管杭の全塑性モーメント($M_p=Z_p\times\sigma_y\times1.1=2451$kN・m)以下となり，鋼管杭が弾性限耐力以下（安全率1.31）であることを確認した．また，杭頭変位についても，最大応答値(MODEL.B：31.6cm：HACHINOHE NS)が判定基準値の50cm以下であることが確認された．

　以上の稀に発生する地震および極めて稀に発生する地震に対する時刻歴応答解析結果を表3.4.7にまとめている．

表3.4.7　時刻歴応答解析結果

	名　称	形状・寸法	材質	安全率	
				稀に発生する地震	極めて稀に発生する地震
上部構造	フレーム	H-250×125×6×9 □-200×200×9	SS400 BCR295	1.23	1.12
係留器具	フレーム	□-200×150×9 溶融亜鉛メッキ	SS400	1.56	1.44
	ボルト	H.T.B M16 溶融亜鉛メッキ	F8T	1.58	1.41
	ローラーピン	φ75	SUS304	1.13	1.04
	溶接	―	―	6.13	6.83
係留杭	鋼管	500φ	SKK400	1.15	1.20

3.4.13 T.Y.HARBOR River Lounge における海洋建築の計画と設計

前項までに記した「3.4.1 立地環境」,「3.4.2 建築概要」,「3.4.3 法的な位置付け」,「3.4.4 構造概要」,「3.4.5 地形・海洋概要」,「3.4.6 設計方針」,「3.4.7 上部構造の設計方針」等の内容から T.Y.HARBOR River Lounge にみる海洋建築の計画と設計におけるサイト選定とシステム選定におけるベネフィットとリスクを整理して表3.4.8に示す.

表3.4.8　T.Y.HARBOR River Lounge の計画と設計のマトリックス

			サイト選定	システム選定
ベネフィット	使用性		1)東京都の「運河ルネッサンス推進地区」により水域占用許可基準が緩和された. 2)運河に面したレストランの増築として水面上にある. 3)周囲の飲食店とともに賑わいの演出に貢献する. 4)天王洲アイル駅(東京モノレール,りんかい線)に近い. 5)品川駅からもアクセスが可能である.	1)下部構造(ポンツーン)内は設備・収納スペースとして利用している. 2)潮位差に対しては可動式スロープによりアクセスを改善している.
	安全性		1)天王洲運河上の水面にあり,天王洲水門と目黒川水門の内側に位置している. 2)きわめて静穏な水域(運河)である. 3)潮流はほとんど無い. 4)高潮は水門閉鎖により対応できる. 5)波は運河を航行する船が発生させる引き波程度である.	1)浮体(下部構造)は工場・艤装護岸から曳航し,設置している. 2)ポンツーン浮体はドルフィンにより係留している.
リスク	作用リスク	永続作用	1)常時荷重は,静水圧,浮力,波力,流体力である. 2)塩害・多湿・紫外線による影響を受ける.	1)上部構造,下部構造それぞれに適切な計画がされている. 2)防食に対して適切な材料・表面処理が選択されている.
		変動作用	1)短期荷重は,地震,暴風,高潮,津波である.	1)海域環境から予測される荷重強度と発生確率に応じた,適切な構造計画がされている. 2)時刻歴応答解析による地震時の安全性が確認されている.
		偶発作用	1)施設の火災・爆発,浮体(船舶,他の浮体構造物等)の衝突の可能性が考えられる.	1)施設用途,周辺航路や海域利用状況から想定される偶発荷重への対処がされている.
	影響リスク	環境影響	1)海域生態系や水質,水産業への影響が考えられる.	1)海中(浮体)部・海底(係留)部のシステム・形状・配置を適切に選定している. 2)インフラ(電気,上下水道)は完全に陸から供給している.
		景観影響	1)自然景観への影響,夜間の光害,航路標識や操船への悪影響が考えられる.	1)海上部は周辺環境に関して適切な規模・形状とされている. 2)周辺景観を考慮してシンプルなデザインとなっている.

4章　海洋建築物の調査・研究報告

　海洋建築物が一時広く知られたのは，1975年の沖縄国際海洋博覧会で設置された菊竹清訓設計の海洋都市アクアポリスである．その後，菊竹は海洋都市構想を提案している．一方，運輸省（当時）船舶技術研究所は山形県由良沖で実験用海上都市モデル "ポセイドン" の海域実験を実施しているが，海上都市は実現に至っていない．1995年にはメガフロート技術研究組合が設立され，3年間の基礎実験を経て，海上空港としての実用実験が行われている．しかし，このような海洋開発はさまざまな理由により実現されていない．また，1989年に尾道市や常石造船を中心とする第三セクター "瀬戸内海中部開発 "はマリンリゾート開発の一つとして，マリーンパーク境ヶ浜に設置した浮体式水族館「フローティングアイランド」は本格的な海洋建築物として大きな期待を集めたが，アクセスの整備が追い付かない等から，リピーターを呼び込めず閉館に至っている．

　その後，2本の桟橋とシーバスターミナルからなる「ぷかり桟橋」は1991年横浜港にオープンした．「ぷかり桟橋」は小規模ながら，わが国の本格的な浮体式海洋建築物である．また，2006年には東京都の水辺空間の魅力向上に関する全体構想の中の「運河ルネサンス事業」の一つとして位置付けられた浮体式レストランWATER LINE（現在は，T. Y. HARBOR River Lounge に名称変更）がオープンしている．一方，着底式海洋建築物に関しては，厳島神社に見られるようにわが国において，その歴史は長い．そして，現代の着底式海洋建築物の例は日本各地に点在する海中展望塔である．

　近年の海洋建築委員会の活動は都市機能補完型海洋建築の体系化を目指し，既存の海洋建築物に関して，計画，構造計画，構造設計及び施工と維持管理の観点から調査・研究を重ねており，海洋建築物データベースとして保存されてきた研究結果は，海洋建築委員会の内部の資料として活用してきた．このデータベースの中には，「3章 日本国内の海洋建築物の事例」で紹介した海洋建築物や，今はすでに使命を終えて解体された海洋建築物も含まれている．さらに海洋建築委員会では，同様の調査・研究活動として，わが国の海中展望塔に焦点を当て「海中展望塔を知る」をまとめている．

　本章では，海洋建築委員会での活動の中心をなしていた海洋建築のアーカイブスを作成したなかで，3章で紹介した「厳島神社」，「ぷかりさん橋」，「足摺海底館」および「T. Y. HARBOR River Lounge」を除いたわが国の海洋建築物を紹介する．

4.1　アクアポリス

4.1.1　海洋建築物の概要

a.　一般情報データ

(1) 名称：　アクアポリス（写真4.1.1，写真4.1.2）

(2) 用途：沖縄国際海洋博覧会（1975年7月19日～1976年1月18日）

(3) 建設年：建造1973年10月～1975年5月,曳航1975年4月，係留1975年4月

(4) 建設地：沖縄県国頭郡本部町

(5) 設計：基本構想：通産省海洋開発室

　　　　　基本設計：日本海洋開発産業協会，菊竹清訓建築設計事務所，三菱重工業など

　　　　　実施設計：三菱重工業，竹中工務店など

(6) 施工：三菱重工業，竹中工務店・清水建設共同企業体など

(7) 監理：菊竹清訓建築設計事務所など

b.　設計データ

(1) 敷地面積：長さ104×幅100×高さ32m，総重量15,000t

(2) 建築面積他：上甲板面積7,400 ㎡，中甲板面積2,500 ㎡

　　　　　　　主甲板面積5,800 ㎡，主甲板最大許容搭載重量5,000t

　　　　　　　最大収容人員2,400名，従業員160名（運転要員20名）

　　　　　　　居住可能人員24室41ベッド

(3) 高さ：32m

(4) 長さ/幅/深さ/喫水：（浮遊式の場合）：通常時と暴風時に分けて表4.1.1に示す.

表4.1.1　喫水・排水量[4.1-1)]

状態		吃水	沖合位置	適用
通常時	寄岸浮上状態	5.8m	275m	（アクア大橋）
	沖合半潜水状態	20.0m	400m	閉館（通船）
	沖合浮上状態	5.8m	400m	閉館
	最遠方半潜水状態	20.0m	475m	閉館（通船）
	最遠方浮上状態	5.8m	475m	閉館
暴風時	暴風状態	15.5m	375m	波高10mまで
	暴風状態	12.5m	375m	波高10m～15m

(5) 排水量：バラストタンク容量33区画16,158 ㎥

4.1.2　建築計画概要

a.　基礎構造

　基礎構造の様式は設置位置，風波に対する安定性，収容人員，技術開発性さらに周囲の環境保存の観点から半潜水式の構造方式とし，以下の点に留意して検討した.

(1) 構造体自身が重要な意味をもつ出展物で，当時のわが国の技術力を示し，今後の海洋開発の発展方向を印象付けるものであること

(2) 形状は一般人に魅力的で十分にアピールするものでなくてはならないこと

(3) 一般大衆が参加するため，安全であり，乗り心地を良くするために安定性能を重視すること

(4) 本州で建造され，沖縄まで曳航する必要があり，また，時利用も考慮して曳航のしやすい（曳航抵抗の少ない）ものとすること

(5) 海底を破壊しないで係留できること

(6) 長期の利用にも耐えうる強い構造であること

(7) 予算内で，観客流入数（1600 人／時）を消化しうる規模であること

b.　上部構造

　アクアポリスは，沖縄海洋博の政府館としての機能を果たしうると同時に世界初の海上人工環境として，今後の望ましい社会環境のモデルとして具体化されることが望ましい．そのために必要な性格は，以下のとおりである．

(1) 住空間を基本構造とする環境であること

(2) 社会的空間（コミュニティスペース）をもつ環境であること

(3) 豊かな自然エネルギーによる環境であること

(4) 高度選択可能の環境であること

(5) 人工と自然の新しい秩序を目指す環境であること．

(6) 移動の可能性を含む環境であること

(7) 生命（耐用年数）をもった環境であること

4.1.3　構造計画概要

a.　構造種別：鉄骨造

b.　構造形式：半潜水型浮遊式海洋構造物 4 ロワーハル 16 コラム（非自航式）
　　　　　　　立体トラスとラーメン構造（図 4.1.1）

(1) ロワーハル 104×10×6m×2 本，56×10×6m×2 本

(2) コラム：7.5m ϕ ×12 本，3.0 ϕ ×4 本

(3) 水平ブレース 1.8m ϕ，3.0m ϕ

(4) 斜めブレース 1.8m ϕ

c.　係留方式：パーマネントアンカー（図 4.1.2）

d.　想定海域：想定海域：気温-10℃～40℃，水温 32℃以下，湿度 85%以下，潮汐 3m 以下，潮流 1.5 ノット以下，
　　　　　　　風速 80m/sec 以下，波浪 15m 以下，水深 10m～70m

e.　係留系

(1) 係留装置：パーマネントアンカー

　8 台のウインドラスに装備した 16 本のチェーンを繰り出し，16 個の水中ブイを経て海底各所に打設されたパーマネントアンカーに係留されている．また，ウインドラスのチェーンを伸縮することによって約 200m 程度の水平移動が可能である．把駐力の水平張力成分は 250t，鉛直方向成分は 95 t である．

f.　係留チェーン：チェーン

(1) 寸法材質：NK3 種 75mm ϕ ×350m×16 本（中間ブイまで）44.275／1 チェーン

(2) 破断試験荷重 423t，耐久試験荷重 308t，<u>重量 126.5kg/m</u>

(3) ウインドラス：44.3t／1 チェーン，能力：80t，40t，20t×2.0m／分・4.5m／分・9.0m／分

(4) 中間ブイ：5m ϕ －72 ㎥（自重を除く浮力容積）8 個 3.5m ϕ －28 ㎥（自重を除く浮力容積）8 個

4.1.4　施 工 概 要

　アクアポリスは広島で建造され，4 月 18 日に出航．曳航時は喫水を 5.5m とし，主曳船，副曳船 2 隻の 3 隻が使用された．沖縄までの 1050km は平均 4.6 ノットで航海し，4 月 23 日会場に到着した．

4.1.5　維持管理概要

アッパーデッキは風速 80m／sec に耐えうる構造とし，海水の腐食に耐えうる材料を採用した．また，油水分分離施設・汚水処理・海水淡水化装置・焼却炉を完備した．また，跡利用計画は以下とした．

(1) できる限り現位置に保留することを原則とすること

(2) 沖縄住民の歓迎するものであること

(3) 環境保全に留意すること

(4) できる限り経済性を有すること

4.1.6　解　　　体

　約130億の建設費であったが，博覧会終了後2億円で沖縄県に譲渡，1993年に閉鎖，その後，廃墟化し，潮風による塩害でボロボロにサビながらも存在していたが，1400万円でアメリカの企業に払い下げられ，2000年10月23日，タグボートにて上海に曳航され，解体された．解体前の姿を写真4.1.3，4.1.4に示す．

写真4.1.1　外観（写真提供　朝日新聞社）

写真4.1.2　上部甲板（写真提供　朝日新聞社）

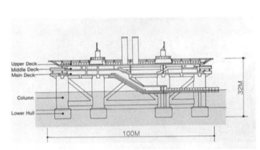

図4.1.1　断面図[4.1-1)]

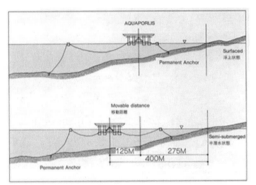

図4.1.2　係留図[4.1-1)]

写真4.1.3　解体前写真（写真提供　毎日新聞社）

参 考 文 献

4.1-1) 新建築，沖縄海洋博覧会特集，1975年9月号，新建築社，1975.9

4.2　境ヶ浜フローティングアイランド

4.2.1　海洋建築物の概要

a.　一般情報データ

(1) 名称：境ヶ浜マリンパーク「フローティングアイランド」（写真 4.2.1）

(2) 用途：フローティングアイランド（水族館等）

(3) 建設年：1989 年

(4) 建設地：広島県尾道市浦崎町 1359

(5) 設計：クレヨン・アンド・アソシエイツ，タイムシップ，常石造船㈱

(6) 施工：常石造船㈱

b.　設計データ

(1) 敷地面積：65,000m²（海域）

(2) 高さ：8m（船底－トップデッキ）

(3) 階数：2

(4) 長さ/幅/深さ/喫水：　130m/40m/5m/2m(通常 1.6m)

(5) 排水量：(浮遊式の場合) 10660 トン

(6) 最大搭載人員：2020 人

4.2.2　建築計画概要

　フローティングアイランドは境ヶ浜マリンパークを構成する 4 つのゾーンのメイン施設の名称である．図 4.2.1 に境ガ浜マリンパーク全体の配置図示す．「古代ギリシャ」をイメージとして，アクアポリスの神殿を思わせる 1.5m 径の 30 本の柱と，古代競技場を思わせる約 30m 径の円形ドームを配した外観を有する．浮体構造物は陸域より約 200m 沖合の水深 7m の位置にチェーンにより係留され，陸域とは浮き桟橋により連絡されている鋼製の浮体である．

　マリンパークおける浮体の情景は，瀬戸内海の静穏な紺碧に海に白亜に輝くギリシャ神殿が悠然と浮かんでおり，隣接するマリーナに浮かぶヨットのセーリングマストはあたかも儀仗兵のように神殿のアプローチを飾っている．この神殿の広間に立つと，白い列柱の間からエーゲ海とも思われる大小さまざまの緑に覆われた島々が見える．これが設計者のいうところの計画概要である．

　浮体上の建築計画は図 4.2.2 に示すように，上甲板は全周囲にわたり公園となっている．中央部は多目的広場とし，観客席にも兼用できる約 20m 幅の階段を設けている．入り口付近には館内への導入口としても使用される径 30m，高さ 10m，の円形ドームを配し，内部には魚等に直接触れることができるタッチングプールを設けている．(図 4.2.2) また，円形ドームの外部にはドーム頂上までのラセン型スロープを設け，その頂部からほぼ全長にわたる長さの展望橋がある．陸に面する側には波打ち際の散歩ができるように，長さ 100m の人工海浜がある．また，沖側には 120m 程度の船を接舷できる係留装置が設けられている．

　円形ドームの下のエントランスホールから階段から館内に入ると，映像ホールで立体映像を映し出している．さらに内部へと進むと，長さ 30m，幅約 10m，推進 3.7m の大水槽がある大水槽広場となっている．大水槽広場の壁は 90mm 厚のアクリル窓の各コーナーに分かれた展示水槽となっている．

4.2.3　構造計画概要

　浮体は水密性を確保する目的で外周を鋼板で閉囲し，その補強として縦横に骨材を配置している．これは船そのものの構造形式を採用して設計されたものである．主構造は大別して船底部構造と船側部構造および甲板部構造から構成されている．各構造部材の設計は，板材，小骨材については「日本海事協会鋼船規則」により寸法，形状が定められており，浮体の全体強度に関係する大骨材については，設計風速，設計波浪，潮流・潮位等のデータから推定された波浪外力を基に強度の確認を行っている．

4.2.4　構造設計概要

　本浮遊式海洋建築物は図 4.2.3 に示すように船舶に類似する構造形式となっており，船内を水中トンネル式水族館

として使用し，デッキ部は多目的広場となっている.

a.　船底部の構造

　船底部は，船底外板と内底板とが縦横桁で結合された深さ 1m の重底構造となっている. この部分はいくつかの区画に分けられ，各々バラストタンク，ボイラー用燃料タンク，汚水タンク等に使用されている. また，二重底構造となっているため，外板に破損が生じる事態があったとしても館内への海水の流入を防ぐ役割を果たしている.

b.　船側部の構造

　船側部は，船側外板と縦通隔壁からなる二重船側構造となっている. この部分をボックス構造とすることにより，浮体の縦曲げおよびねじりに対する強度を増加させるとともに，船底部と同様に船側が破損しても海水の流入を防ぐことになる. また，この区画を空所とし，外板の検査が容易に行えるように配慮している.

c.　甲板部の構造

　甲板部はイベント広場や海上公園として使用されるため，建築基準法施行令が要求するそれらの荷重に対して十分耐えられる縦横に大骨材を配置し，必要に応じて支柱を配置している. また，甲板部の大部分が暴露されているため，甲板部に 100m の梁矢（円弧上の勾配）を設け，排水に対する配慮を行った.

d.　係留系

(1)係留装置

　浮体は，図 4.2.4 に示すように 4 本のアンカーチェーンおよび 4 個のシンカーにより，緊張係留されている（ただし，係留計算においては，定常外力および動揺計算の結果を用いてカテナリー理論で行っている）. この係留方法を採用した理由として，浮体が陸域と浮き桟橋で連結されているため，予想される気象，海象のもとで浮体の移動を最小限にとどめたいことが挙げられている. 初期張力は 30ton を与えており，通常の干満での浮体の移動はなく，100 年再現の気象，海象状態でも左右，前後方向の移動は 2m 以内と推定している.

(2) シンカー

　シンカーは，鉄筋コンクリート製でチェーンを海底に固着させるために海底に埋設してある. シンカーの設計においては，浮体の外力による移動および動揺時にかかるチェーン張力を保持するための抵抗力を海底の土質および進化の重量に基づき計算している. 安全率は港湾施設の基準に従い，1.2 以上としている.

　海底の土質調査からシンカー埋設部の土質が軟弱なシルト層であったため，砂質土および石に地盤改良がされている.

4.2.5　施 工 概 要

　常石造船㈱において船舶として施工された.

4.2.6　維持管理概要

　1999 年 8 月 31 日に閉館したが，水上飛行機の格納庫に改造され利用されている. また，マリーナの防波堤としても活用されている.

参 考 文 献

4.2-1) 河内昭一ほか：境ケ浜フローティングアイランド，ビルディングレター，pp97-103，1990.6

4.2-2) 野口憲一，遠藤龍司，安藤正博，小林昭男：実在浮遊式海洋構造物「フローティングアイランド」の動揺調査，第 11 回海洋工学シンポジウム，pp.175-182，1993.7

写真 4.2.1 フローティングアイランド全景（写真提供　読売新聞社）

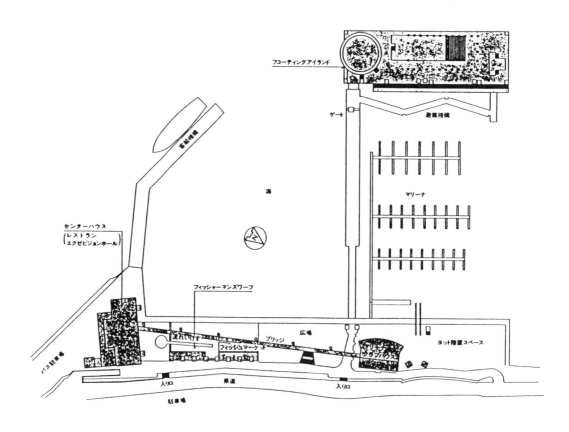

図 4.2.1　配置図 4.2-1)

断面図

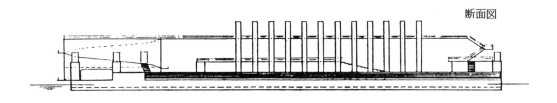

上甲板

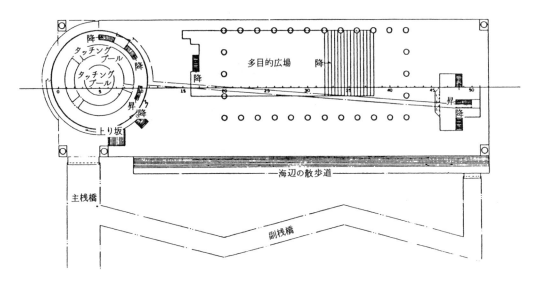

タンクトップ

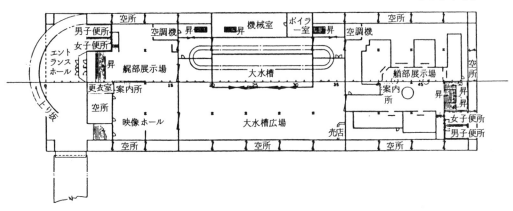

図 4.2.2　浮体概要 [4.2-1)]

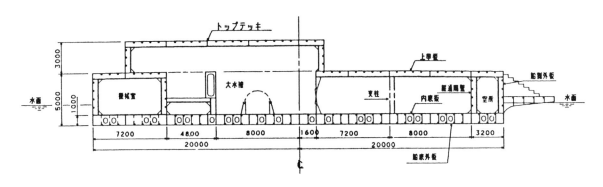

図 4.2.3　浮体断面図 [4.2-1)]

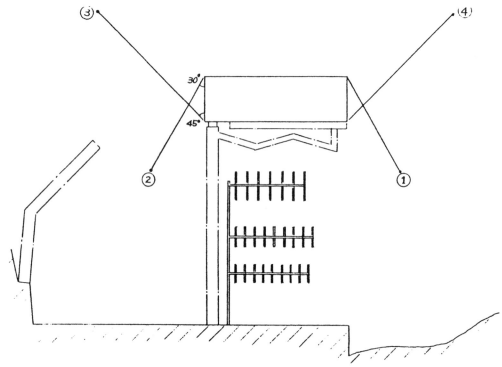

①,②　JIS 2種 76φ×100m＋コンクリートシンカー 172.5 ton
③,④　JIS 3種 78φ×140m＋コンクリートシンカー 243.5 ton

図4.2.4　係留配置図 [4.2-1)]

4.3　下田海中水族館

4.3.1　海洋建築物の概要

a.　一般情報データ

(1) 名称：下田海中水族館アクアドームペリー号

(2) 用途：　水族館（定員400名，水槽容量約600t，水槽深さ6m）

(3) 建設年：1993年

(4) 建設地：静岡県下田市三丁目1174-16地先和歌の浦湾内

(5) 設計：不明

(6) 施工：新下田ドック株式会社

b.　設計データ

(1) 敷地面積：18,670.4㎡（国定公園の専有面積）

(2) 建築面積：450㎡

(3) 延床面積：1024.5㎡

(4) 容積率：不明

(5) 高さ：10.8m（水面から天蓋頂部）

(6) 階数：地下1階，地上2階

(7) 全長：26.2m／全幅23.2m／深さ4.5m／吃水3.0m

4.3.2　建築計画概要

　下田市和歌の浦湾に浮かぶ下田海中水族館は水槽としての内筒と，ギャラリーとしての外筒に分かれている．全景を写真4.3.1に，配置図を図4.3.1，平面図および断面図を図4.3.2に示す．内筒には，600tの海水を入れ，海洋生物・擬海藻等を配置し，外筒は船底部（地下1階）・中甲板（1階）・上甲板（2階）の三層に分かれている．陸上からのアプローチは，渡り口・フロート・浮き桟橋を経て船内へとつながる．1階中甲板を中心としてスロープと階段により，船底部または上甲板へと連結される．船底部と中甲板をつなぐスロープでは，アクリルパネルによって仕切られた水槽を観賞することができ，船底部には水中トンネルを設け，違う角度からも観賞できる．中甲板の一部と上甲板には開放されたオープンデッキがあり，和歌の浦湾を一望することができる．また，上甲板のオープンデッキでは日除けの天蓋を設置してあり，水槽を上からのぞき見ることができる．

4.3.3　構造計画概要

　暴風時の船体の復元性能，避難時の傾斜度を評価する場合の荷重組合せおよび船体，天蓋，係留設備の構造安全性の評価は（財）日本建築センター「海洋建築物安全性評価指針」によった．船体強度および動揺計算では曳航時を考慮して，設計波高をH=1.0mとした．

　船体として機能する主構造部分は，慣用の船体構造解析法に基づき解析を行い，主構造部の全長は90m以下のため，日本海事協会「鋼船規則集CS編（1991年版）」に基づき設計を行った．

　天蓋部分について日本建築学会「鋼構造計算規準」によった．使用鋼材および許容応力度は表4.3.1および表4.3.2のとおりである．船体，天蓋とも部材の算定時日本建築センター指示に示す錆代を考慮した．錆代について表4.3.3に示す．

　フロートは図4.3.3に示すように長さ6m，幅4.8m高さ1mほどの鋼板製箱状構造物である．浮き桟橋は，1単位が4個の発泡浮体で組み合わされた筏状構造物である．発泡浮体は1つの大きさが，長さ2.0m幅1m高さ0.5mであり，内部は発泡スチロールが充填され外部はFRPにて被覆されている．フロート，浮き桟橋の傾斜，転倒に対する検討は，風の状態，人員載荷状態を考慮して表4.3.4に示すケースについて検討を行った．安全性の確認は復元性能があること，傾斜角が7度以下であること，傾斜したときに歩廊部が水に浸されないことを基準とした．

4.3.4　構造設計概要

a.　上部構造　鋼板製縦肋骨構造

b. 下部構造　非自航式バージ（係留船）

c. 係留系

(1)係留装置

チェーンおよびアンカーによる．本船に対して放射状に6組のチェーンおよびアンカーを60度間隔で配置した．「海洋建築物安全性評価指針」の規定に従い，基本風速を40m/sとして風圧力を算定した．和歌の浦湾の設計波は以下の方法で算出されている．

下田港への沖波は「港湾の施設の技術上の基準・同解説」（日本港湾協会），「改訂海岸保全施設築造基準解説」（日本港湾協会）に準拠し，ブレットシュナイダー法を用いた．

水深には下田港湾口の平均水深30mを用い，風速は40m/s，吹送距離Fは無限大を用いて有義波高6.5m，有義波周期9.8sを得た．

推算された沖波を基に係留予定地点での設計波を清川等による数値波動計算法を用いて決定した．設計波として波高H=0.5m周期9.8sとした．浮体に作用する波圧は特異点分布法により解析している．解析モデルについては，図4.3.3に示している．

4.3.5　維持管理概要

a. 係留装置

浮体本体は係留装置としてチェーン，ワイヤーで計画された．しかし，護岸を超えて侵入する波があり，風の通り道になっていることから，近隣と異なり大きな風速を生じる．過去，チェーンが切断したことがあり，ナイロンロープが併用されている．

b. 錆に対する対応

NK規則による錆代から耐用年数5.25年と記述していたが，建築物であることから25年とする．本体の飛沫帯のメンテナンスは水槽の水量を調整することにより喫水線を下げ対応する．

c. 避難計画

最大400人を非常時に安全かつ円滑に避難させなければならない．自動火災報知器や消火栓等の防災設備を設置し，船内に係員を配置することにより，危険物の持ち込み禁止，禁煙を徹底し，万一の際に備える．避難階は中甲板とし，船底部と上甲板からは，図4.3.4に示す階段スロープを使用し，中甲板を経て浮き桟橋を渡り，陸上へと避難する．避難の際，配置された係員が誘導を行い，避難の安全を計っている．

d. 防災計画

本船の形状と構造において，排煙設備を設けることは難しく，船舶における法と建築における法とでは，解釈を異にすることが多いため，日本建築センターの評定によることとした．船底部から中甲板までつながる吹抜けがあり，火災発生時にはそこへ蓄煙させ，煙性状予測による煙の降下時間と避難時間との関係から検討した．一方，船内の内装制限を施し，展示物の可燃物を制約したうえで防災計画を行った．船内の居住空間は，入り組むことなく単純明快な構成となっており，火災が発生した場合でも容易に発見することができ，避難方向を誤ることもないことから避難上支障はないことを確認した．

表4.3.1　使用鋼材の種類および品質

種類	品質	使用箇所
溶接構造用鋼材	SM400	船体部分
一般構造用鋼材	SS400	天蓋部分
	STK400	

表4.3.2　鋼材の許容応力度（単位：t/cm²）

種類	長期				短期			
	圧縮	引張	曲げ	せん断	圧縮	引張	曲げ	せん断
一般構造用鋼材 SS400,STK400	1.6	1.6	1.6	0.92	長期×1.5			

表4.3.3　錆代

構造部分	構造要素		錆代
浮体構造	外部材	板材	増厚2.5mm
		骨材	増断面係数20%
	内部材	板材	増厚1.5mm
		骨材	増断面係数15%
上部構造	外部材	板材	増厚1.0mm
		骨材	増断面係数10%
	内部材	板材	－
		骨材	－

表4.3.4　フロート，浮桟橋の傾斜，転倒に関する検討

風の状態	人員載荷状態
無風状態	載荷　200kg/m^2
	片側載荷　400kg/m^2
荒天時Y=15m/s	載荷　200kg/m^2
暴風時Y_0=40m/s	無載荷

写真4.3.1　全景[4.3-2)]

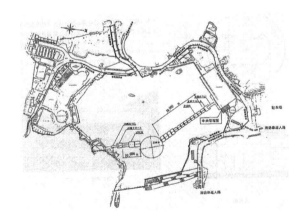

図4.3.1　配置図[4.3-1)]

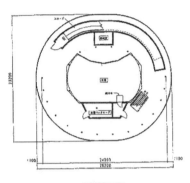

2階平面図

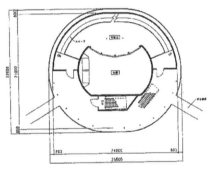

1階平面図

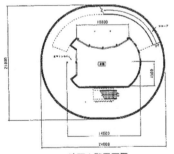

地下1階平面図

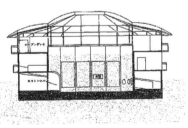

断面図

図4.3.2　平面図および断面図[4.3-1)]

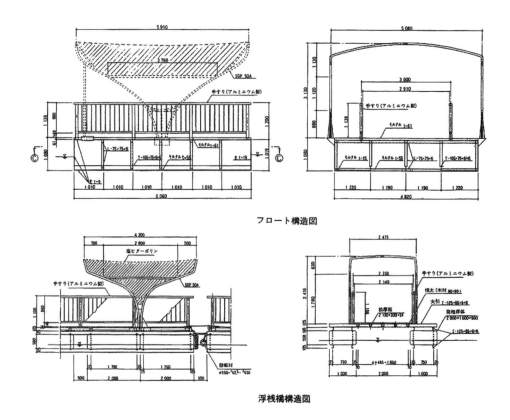

フロート構造図

浮桟橋構造図

図4.3.3　フロート，浮き桟橋構造図[4.3-1]

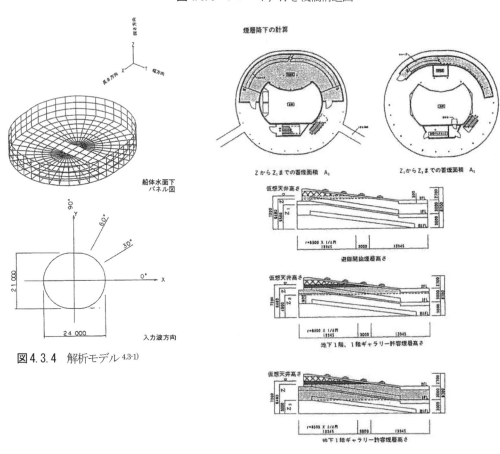

図4.3.4　解析モデル[4.3-1]

図4.3.5　避難計画[4.3-1]

参考文献

4.3-1) 久本，切石：下田海中水族館アクアドームペリー号，ビルディングレター，1993.2

4.3-2) http://www.shimoda-aquarium.com/

4.4　なにわの海の時空館

4.4.1　海洋建築物の概要

a.　一般情報データ

(1) 名称：なにわの海の時空館

(2) 用途：博物館

(3) 建設年：2000年5月

(4) 建設地：大阪市住之江区南港北2　海浜緑地内

(5) 設計：大阪市港湾局，ポール・アンドリュー・アーキテクト・ジャパン
　　　構造：オーブ・アラップ・アンド・パートナーズ，東畑建築事務所

(6) 施工：大成・不動・東洋　特定建設工事共同企業体

b.　設計データ

(1) 敷地面積：33,442.84 ㎡

(2) 建築面積：6250.31 ㎡

(3) 延床面積：20,699.51 ㎡

(4) 容積率：61.90%

(5) 高さ：最高高 40.3m（博物館棟）

(6) 階数：地下2階，地上5階（博物館棟）

(7) 直径：70m

4.4.2　建築計画概要

　なにわの海の時空館は大阪港の玄関口となる南港の隅に位置し，大阪港の誕生から現在，未来に至るまでの変遷を展示する海洋博物館である．図4.4.1に示す配置図および図4.4.2の断面図のようにエントランス棟，地中トンネル，博物館棟の3棟により構成され，来館者はエントランス棟から約60mの海中トンネルを通り，写真4.4.1に示す海に浮かぶ直径70mのガラスドームの博物館棟に向かう．トンネル内には4つのトップライトが設けられている．ドーム内は白帆を広げた巨大な木造船・菱垣廻船を中心に4層の展示フロアが取り巻いている．図4.4.3に平面図を示す．博物館全体がプロムナードのようになっており，高度を変えつつ回りながら眺められるようになっている．展示の菱垣廻船は，大阪港を走行する船と水面からほぼ同じ高さに位置し，過去と現在の連続性を表現している．ガラス部分には開口率の異なるパンチングメタルを取り付け，光の透過率を調整することによりドームの表情は昼夜で一変する．

博物館外観（昼間）（撮影　堀寿伸）　　　　　博物館外観（夜間）（撮影　堀寿伸）

写真4.4.1　博物館棟　外観

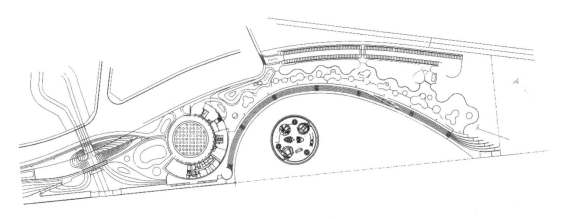

図 4.4.1　配置図 [4.5-1)]

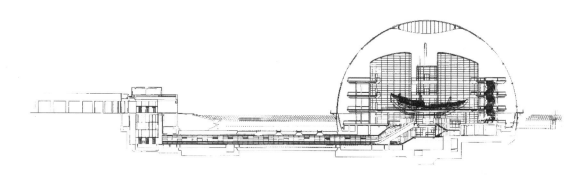

図 4.4.2　断面図 [4.5-1)]

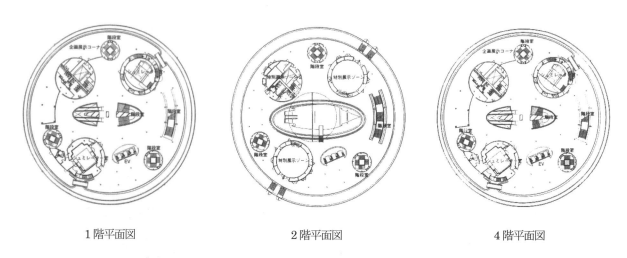

| 1 階平面図 | 2 階平面図 | 4 階平面図 |

図 4.4.3　博物館棟　平面図 [4.5-1)]

4.4.3　構造計画概要

　構造設計は，ドームの基壇より上の鉄骨部分をアラップ・ジャパンが，それ以外のコンクリート部分を東畑建築事務所が担当した．三次曲面のガラスの壁面を DPG 工法によりサッシレスで構成し，合わせガラスの間にパンチングメタルを挟んでいる．荒海時には基壇上のガラス面にも波が当たる可能性があるため，基壇部には波返しを兼ねたメンテナンスデッキが設けられている．また，菱垣廻船の支持部には免震構造が採用されている．

4.4.4　構造設計概要

a.　上部構造

　半球形のドームは，図 4.4.4 のガラスドーム詳細図ように下部から「ラチスシェル」，「リングビーム」，「キャップ」の 3 つの部分より構成される鉄骨架構である．ラチスシェルは 4 本の鉄管（φ190.7）を溶接して格子にタイロッド

（φ25～36）を掛け渡したユニットの組合せになっている．タイロッドには風や地震で圧縮力を負担して緩むことがないように最大25tfの張力を加え，ガラスの変形を防いでいる．シェルはドームの頂上部付近で幅3.3mのフィレンデールトラスから成るリングビームと呼ばれるテンションリングに連結されている．テンションリングの内側には，ケーブルトラスにより支持されたガラスから成るキャップが広がる．ガラス面の最下部で最大 9.6tf/㎡の波荷重を想定して，構造体の鉄骨の補強が行われている．また，波荷重に加えて風荷重，地震荷重を考慮し，短期の荷重は日本建築学会「海洋建築物構造設計指針（固定式）・同解説」を参考に，以下のように波荷重，風荷重および地震荷重を組み合わせている．

> 100%の波荷重＋50%の風荷重
> 100%の風荷重＋70%の波荷重
> 100%の地震荷重＋33%の波荷重

ドーム架構を構成する鋼材の温度変化による影響を考慮するため，各部の温度変化を－20℃～＋30℃と想定して長期荷重組合せに含めて検討を行っている．

展示フロアに作用する地震力は3か所にある円筒形の階段室（SRC造）で負担させ，この3つのコアを平面上においてバランスよく配置することで鋼管柱には鉛直力だけを負担させている．特別展示ゾーンの大きなシリンダーは地震力を負担しないように計画されている．各階の床厚は約 1.2mで，そのうち 0.9m はスチールトラスで構成され，FR鋼の鋼管柱で支えている．

b．基礎

ガラスドームの基礎部は約15mの沖積粘土を含む埋立地であるため約40mの杭が使用され，地震による液状化を考慮し，杭先端部から 10m までの部分にはプレキャスト鉄筋コンクリート杭が使用されている．また，先端部から 20m までの部分には，沈下による負の摩擦力を低減するためアスファルトコンパンドが塗布されている．

地中トンネルは端部にエキスパンションジョイントが設けられ，エントランス棟，博物館棟から独立した構造物となっている．また，エントランス棟側から約 1／3 の位置にもエキスパンションジョイントが設けられ，エントランス棟側，博物館棟側で基礎構造が異なる．エントランス棟側は土かぶりのある地中構造物となっており，PHC杭基礎としている．博物館棟側はトップライトを設けるため土かぶりをなくし，建物重量と浮力がほぼ釣り合う浮体構造物となっている．

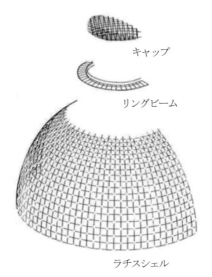

キャップ

リングビーム

ラチスシェル

図4.4.4 ガラスドーム詳細 [4.5-2)]

4.4.5 施工概要

ドーム周囲の水面は埋立地を掘削して海水を引き込んだものであり，法的には海ではなく池として扱われている．工期を短縮と巨大廻船の搬入のため，直径 70m のガラスドームを工場（川崎重工業播磨工場）で組み立てた後，海路で現場まで輸送し，フローティング・クレーンで博物館本体に被せる工法を採用している．ドームの重さは約1200tfある．

4.4.6　維持管理概要

　ドーム外面にアーチ状の自動清掃装置が取り付けられている．大阪市は 2010 年度の事業仕分けで「廃止」が妥当と判定し，2013 年 3 月 10 日に閉館した．

参 考 文 献

4.5-1)「なにわの海の時空館」，新建築，2000 年 9 月号，pp.96-105

4.5-2)「なにわの海の時空館」，建築技術，2000 年 11 月号，pp.20-42

4.5-3)　ARUP, Osaka Maritime Museum, ARUP JAPAN, （参照 2009.6.11）

4.5-4) なにわの海の時空館，東畑建築事務所, （参照 2009.6.11）

5章　わが国の主な海中展望塔の概要

　1961年に世界人口が30億人を超え，人口爆発という現象が大きな問題となった．東京においても高度経済成長の疾風に乗り，地方から若年層を中心に流入人口が激増した．その受け皿として，都心や郊外にかなりの数の集合住宅や戸建て住宅が建設されたが，住宅戸数の供給が先行し，無計画，無秩序な混乱した姿をさらすまちも少なくなかった．この状況を改善すべく，当時の建築家らは，有限の土地（台地）の延長上にある海に着目し，海洋上が新たな建築空間（フィールド）としての可能性を有しているかを追求し始め，洋上にメガストラクチャーによる未来的な都市デザインを集中的に発表した[5-1]のである．

　これらの都市デザインを海上都市構想と呼ぶことにするが，抜きん出て世界的注目を浴びたのは丹下健三の「東京計画1960」[5-2]であった．東京都心から東京湾を直線に横切り，千葉・木更津に至る都市軸や建築群は，洋上が都市や建築のフィールドになる可能性を多くの人々に認識させたであろう．しかしながら，1960年前後から現在まで海上都市構想は断続的ではあるが提案され続けているが，残念ながら，「アクアポリス」（1975年）以外に一部分でも実現されたものはなく，海洋は建築のフィールドという意識はほとんどなく，せいぜい「夢のフィールド」程度になってしまった．

　このような状況の中で，数は少ないが，実海域の洋上に屹立する海洋建築が「海中展望塔」である．現在，わが国の着定式（固定式）海中展望塔は7基あり，1971年建設の串本海中展望塔（和歌山県）から1995年の紋別海中展望塔（北海道）まで，すべて現役で営業を続けている．まさに，海洋空間をフィールドにした唯一の建築物である．

　しかし，多くの海中展望塔は建設から30年から40年を経ており，建設に携わった技術者はほとんど退職し，彼らが蓄積した知見はもちろんのこと，図面やデータなども雲散霧消の危機にある．

　そこで，海洋建築委員会は2008年から海中展望塔をはじめ，海洋建築に関わるアーカイブスの作成を委員会活動の中心としてきた．アーカイブスをつくるということは，単に後世に記録を残すことばかりでない．海中展望塔のように，エンターテイメントの要素[5-3]を多分に有する海洋建築は，40年前とは格段に高質化したエンターテイメント技術にとって，新たな素材になる可能性も高く，そのための情報を提供できると考える．

5.1　海中展望塔の変遷

5.1.1　海中展望塔の定義

　　塔に対するイメージとして「一般的に造形的に垂直性が強く [5.1-1]アスペクト比が細身となり，高く聳える工作物」とのイメージを持たれている．そのため，海中の鑑賞用施設でもある海中歩道・廊下，レストラン，水族館など用途が同一のものでも海中展望塔とは異なる呼称のものもある．

　　日本初の海中展望塔は和歌山県白浜町に存在したホテル天山閣（現ホテルシーモア）の一施設として1969年（昭和44年）に建造されたもので，陸上と展望塔本体は定員数人のモノレールで結ばれていた．1985年6月に発生した台風6号によりタンカーが難破し，その衝突により倒壊した．1988年1月コーラルプリンセスの名称で再開し，現在優雅な姿を見せている．

　　1970年代は，日本列島改造論（1972年）に代表されるように日本国の産業構造，経済活動など量的拡大が謳われた．また余暇の過ごし方や，レジャーに対する考え方が取り上げられた時代といえる．海中展望塔は経済発展に呼応する形で出現した．現在，国内に存在する海中展望塔7基のうち6基が経済好況時の1969年から1980年の10年間に集中し建造されている．最新の海中展望塔は1996年に開館したオホーツクタワーである．バブル経済の終焉時に計画・設計がスタートし，崩壊後に完成されたものである．その後，現在までの24年間，海中展望塔の実施例は見当たらない．

　　先の6基の建設場所は千葉県以南の温暖な海域に建造されており，概観，内部のデザインとも共通したものである．海中展望塔は三つの機能から成り立つ．展望塔本体，陸上から本体までのアクセスの海渡橋，設備関係である．

　　海中展望塔は海中景観の鑑賞が主目的である．紋別市のオホーツクタワーはそれまでのものと趣を大きく異にしている．氷海下の景観，生物鑑賞，観光の地域振興のほか，氷海科学研究の中心となること，すなわちオホーツク海を臨む当地は流氷が漂着する南縁に位置していることから，国際的な連携を構築し氷海科学研究の国際拠点となることを目的の一つとした．内部には，広域海洋・氷海観測や衛星通信システムなどの設備を整えている．エレベータが設置され，従来の展望塔で見られる螺旋階段での昇降とは大きく異なり，塔内部空間も通常の建築物に近いものと言える．タワー本体までのアクセスとして，重層のデコラティブな親水防波堤が同時に建造された．渡海橋は，吹さらしの橋部分と北海道の気候条件を考慮した屋根と壁に覆われた，渡り廊下部分が並行し設置された構造となっているのが特徴である．

5.1.2　海中展望塔と建築基準法 [5.1-2], [5.1-3]

　　海中展望塔は海洋建築物を代表する建築物であり，建築基準法が適用されてきた．建築基準法には「海洋建築物」の用語は見当たらないが，今では廃止となった建設省住指発第371号「水面または水中に設ける施設に関する安全性の確保について」（昭和44年（1969年）9月16日）を参考にすることができる．

　　建築物の定義は建築基準法第2条第一号で，「土地に定着する工作物のうち，屋根及び壁を有するもの」と定められている．すなわち水面や海底にあっても，アースアンカーボルトによる緊結や，係留杭・係留索により固定されるもしくは位置が保持され，継続的に建築物の用途として利用されるものであれば建築物と解釈される．当然，建築物は年齢・性別に無関係で多くの人々が定常的に利用するものであるから，陸上に建設される建築物と同等の安全が確保されなければならない．

　　建設省は，ウォーターフロントを利用する係留型の建築物の増加を予測し，建築基準法の補完と手続きの円滑化を図り，「海洋建築物安全評価指針（平成2年（1990年）3月）」を作成した．建設省住指発第187号（平成2年5月1日）により，本指針を参考として構造防災上の安全性や維持管理の実施に努めることを通達している [5.1-4]．

　　海洋建築物は，以前の建築基準法38条「新材料や新構法を用いる建築物については，建設大臣が基準法の規定によるものと同等以上の効力を認める必要がある」の大臣認定により認可が行われてきた．38条は平成12年（2000年）に撤廃され，構造強度などの構造設計の原則が適用され，特殊な建築物から通常の建築物として取り扱われている．

　　実際は海中展望塔の設計から建設までは，建築分野だけではなく，自然保護の専門分野調査研究から始まり，建築，造船，土木技術の専門分野の技術者が参画し行われてきている．

5.1.3　建設地域の決定

　海中展望塔の建設は，海中景観に優れ，生物の種類の富んだ存在が要求され，国立公園，国定公園内に建設されることが多い．建設計画の海域が設定されると，海洋環境保護に重点を置いた調査研究が開始され，塔の建設場所がピンポイントで決定される．

　海中展望塔を抽出して調査研究内容を概観すると，主に①魚類・植物の多様性，魚類の回遊など最も変化と華やかさに富む海洋景観に優れたポイント，②底質が安定していること，③波浪や台風来襲を想定しての海岸形状と海底勾配，④波浪，海流，風などの環境荷重条件が比較的穏やかなこと，⑤周辺との風致上のバランス，⑥漁場上の調整，他船舶の航路等の調査項目が挙げられる．

　調査研究後，具体的には，①委託者の要求内容の精査，②収容定員とそのサイズ，海水流入防止のための入口床高，構造形式，使用材料などの基本的な構造，③昇降システム，④基礎の形式，⑤海中部の展望窓の位置，サイズと材料，⑥内装と設備，集魚のための外部照明，⑦メンテナンスと防食方法・汚濁防止，⑧総合的な施設整備関係，⑨陸海アクセスルートの整備，⑩色彩，⑪工費と工程計画，海中造園計画，人工漁礁投入などによる魚類の棲息促進等が挙げられる．

　海中展望塔は，従来人々を魅了する景観の良否が最優先されたが，科学研究・教育の場の施設提供等，今後はバラエティに富む目的，また居住性の高い空間が望まれるであろうが，終局的には人命の安全性が最優先されるものでなければならない．

5.2 白浜海中展望塔

5.2.1 施設概要

　「白浜海中展望塔」は，1987年に再建された国内で2番目に新しい海中展望塔であり，写真5.2.1のようにその曲面で構成される外観と細身な形状からコーラルプリンセスという愛称で呼ばれる，美しい海中展望塔である．写真5.2.2~5.2.6に海中展望塔の外観，内観を示す．この海中展望塔は日本で最初の海中展望塔として1970年に建造されたが，1985年6月30日，台風6号の影響により5000トン級のタンカーが難破し，海中展望塔に衝突したために倒壊してしまった．その後，現在の海中展望塔の再建工事が進められ1987年12月に完成，1988年1月に営業を開始した[5.2-1]．併設されたホテルシーモアから展望塔までは長さ100m，幅2.5mの渡海橋が設けられており，太平洋を望みながら展望塔へ連絡されている．展望塔の概要については表5.2.1に示す．

　白浜海中展望塔は台風などの暴風時には，海中展望塔の頭頂部までしぶきを被ることもあるが，ガラスが割れるなどの損傷を受けたことはない．また，写真5.2.7に示す併設されたホテルの利用者が海中展望塔を訪れるケースも多く，空港から車で約10分とアクセスが容易な立地条件から，近年の海中展望塔単体での年間の利用者数はおよそ10万人にのぼる．設置場所を図5.2.1に示す．この海域には南方から黒潮が流れこんでおり魚種が豊富である．展望塔内12か所に配置された丸窓からは，遊泳する約30種類にも及ぶ熱帯魚などの魚を鑑賞することができる．

写真5.2.1　白浜海中展望塔全景

写真5.2.2　海上展望室内観

写真5.2.3　海中展望室内観

写真5.2.4　展望塔外観

写真5.2.5　白浜海中展望塔全体

写真5.2.6　白浜海中展望塔渡海橋

写真5.2.7　ホテルシーモア

白浜海中展望塔

和歌山県

図5.2.1　設置場所

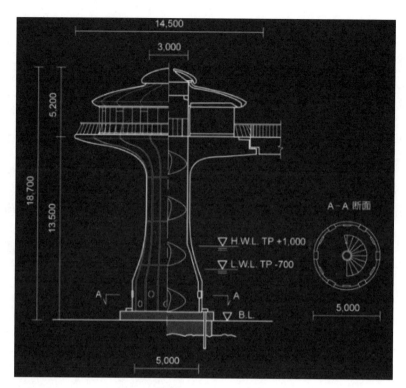

図5.2.2 構造一般図

表5.2.1 白浜海中展望塔の概要

所在地	和歌山県西牟婁郡白浜町1821
設計・施工	日立造船株式会社
竣工	昭和44年7月
建築場所	白浜沖合95[m] 水深3.9[m]
構造	鋼板製円筒式展望塔
本体外壁	FRP成形板
昇降方式	系列螺旋階段50段
海中展望塔窓	丸窓直径60cm 12個
窓ガラス	積層ガラス
収容人員	55 名（海中展望塔25名）

5.2.2 構　　造

　白浜海中展望塔の構造一般図を図 5.2.2 に示す．基礎構造は，着底アンカーボルト方式により固定されている．展望塔全体は，鋼板製の疑似円筒シェル構造であり，6〜14mm の外殻鋼板には防撓材を配置することで応力，変形，座屈に対し補強している．また，展望塔の外部には防食対策として FRP パネルを貼り付けており，FRP パネルと外殻鋼板の間にはコンクリーが充填されている．展望塔上部には円形の海上展望室があり，それは展望塔本体から放射状に配置された鉄骨トラス片持ち梁で支持されている．

5.3　ブセナ海中展望塔

5.3.1　施設概要

　ブセナ海中展望塔は現存する海中展望塔の中で最も古い海中展望塔である．1968年に沖縄観光開発事業団が部瀬名岬に沖縄海中公園および海中展望塔の建設を開始し，1970年8月にブセナ海中展望塔が開館した．海中展望塔の建造場所としてブセナ岬の先端が選定された理由は，この海域が年間を通して海水の透明度が高く，多様な生物を観察できることが挙げられた．また，サンゴ礁への影響を最小限に抑えながらも水深を確保することが可能となるよう，岬の先端から連絡橋を伸ばした地点が海中展望塔の建造場所として選定された．展望塔の全景を写真5.3.1に，概要を表5.3.1にまとめる．

　部瀬名岬地域は1990年，ブセナリゾート開発事業を推進するため「部瀬名岬地域海浜リゾートマスタープラン（沖縄県策定）」が策定され，これに基き，国際的に通用する総合的海浜リゾートとして，滞在型メガリゾートの整備が進められた．そのマスタープランの開発コンセプトは「人間と自然との調和，地域社会との調和，秩序ある開発」を基本として以下のように策定されている[5.3-1]．

写真5.3.1　ブセナ海中展望塔全景

表5.3.1　ブセナ海中展望塔の概要

施主	㈶沖縄県観光開発公社
所在地	名護市字喜瀬部瀬名
設計・施工	日立造船株式会社
竣工	昭和45年8月
構造	鉄骨鋼板円筒式展望塔
本体外壁	鋼構造FRP被服
昇降方式	2系列螺旋階段50段
海中展望塔窓	丸窓直径30cm 24個
窓ガラス	12mm強化ガラス2枚合せ
収容人員	24名
設計波高	3.6m，56.0m/sec

(1) 優れた海洋自然を有効に生かす

(2) 21世紀を先取りしたリゾートづくり

(3) 滞在型メガリゾートの提供

(4) 沖縄リゾート開発パイロット事業

　　ブセナ海中展望塔はマスタープランの中で1992年に営業を一時休止するが，1997年にホテル「ザ・ブセナテラス」の開業に合わせて改装され営業を再開する．海中展望塔の入場券は，グラス底ボートの搭乗やホテルへの宿泊とセットで販売されることが多く年間の利用者は16～20万人にも及んでいる．また，沖縄観光名所の1つとして美観が重視されており，2008年にも改修工事が実施されるなど，メンテナンスが行きとどいた施設である．同リゾート内には，クジラ型のグラス底ボートもあり，約20分間の海中散策も楽しめる．図5.3.1にブセナ海中展望塔の位置および写真5.3.2～5.3.5に周辺施設，展望塔全体の写真を写真5.3.6に示す．また，展望塔内部の様子は写真5.3.7～5.3.13に示した．

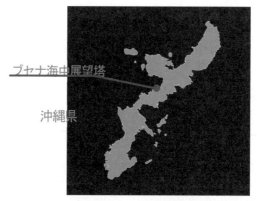

図5.3.1　設置場所

写真5.3.2　グラス底ボート乗り場

写真5.3.3　展望塔入口

写真5.3.4　グラス底ボート

写真5.3.5　ホテルプライベートビーチ

写真5.3.6　展望塔全体

5.3.2　立地環境

　ブセナリゾートは沖縄海岸国定公園に指定されており，恩納海岸の東端に位置している．また，この地域はわが国唯一の亜熱帯海洋性の気候帯に属し，美しい白浜の海岸線やサンゴ礁，透明度が非常に高い海底景観など，自然環境に恵まれている．

ブセナリゾートへは，那覇から沖縄自動車道路および国道58号線にてアクセスし，車で約75分，路線バスで約95分である5.3-2).

5.3.3　構　　　造

　ブセナ海中展望塔の基礎構造は，他の海中展望塔の多くが着底アンカーボルト方式であるのに対し，着底重力コンクリート方式が採用されている．展望塔全体は，鋼板製全溶接円筒構造である5.3-3).　展望塔の構造一般図を図5.3.2に示す．海中展望部には24面の窓が壁一面に配置されており，360度の海中景観を楽しめる構造となっている．また，展望塔および連絡橋柱脚部の防食対策としては，電気防食および塗装を施していたが，付着生物や腐食の影響を大きく受けたため，2008年に改修工事を実施し特に柱脚部にはFRPパネルを配置した．展望塔内部の動線は，展望塔概要看板に見られるように昇り降り一方通行の2系列螺旋階段となっている．

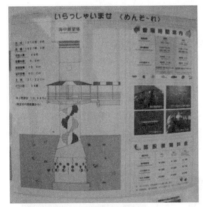
写真5.3.7　展望塔概要看板

写真5.3.8　潮流案内

写真5.3.9　施設案内

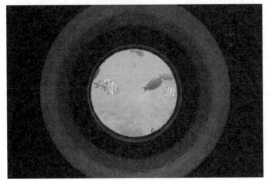
写真5.3.10　海底景観

写真5.3.11　展望窓

写真5.3.12　螺旋階段　　　　　　　**写真**5.3.13　機械室

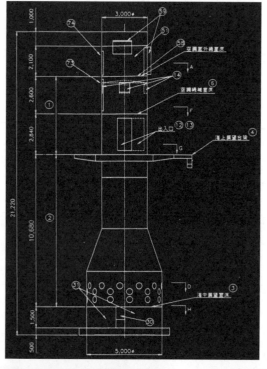

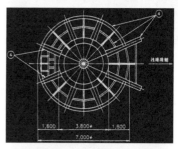

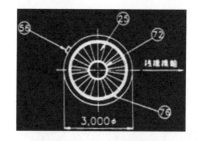

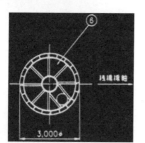

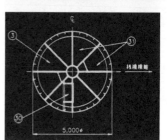

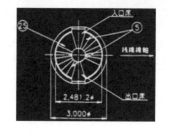

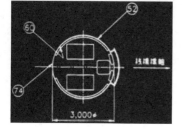

図5.3.2　構造一般図

5.3.4　維持管理

(1) 防災対策

　沖縄県の災害の原因のほとんどは台風による暴風であり，ブセナ海中展望塔周辺でも大型の台風が通過した後は地形が変わるほど，海底部分も大きく台風の影響を受ける．近年では2007年7月14日に最大風速50m/sec，最低気圧930hPaの大型台風4号[5.3.4]が襲来し，海中展望塔のデッキ部まで波が溯上し，頭頂部までしぶきを被り，視界を遮るほど砂や石が飛散した．しかし，ブセナ海中展望塔では，開館以来40年間，台風による展望塔への実害はなく，ガラスに関しては傷が目立ってきたら交換する程度である．このように十分な強度を有する構造設計がなされていることから，構造物に対しての保険は加入しておらず，来場者に対する保険のみに加入している．

　また，台風被害を最小限に抑える要因として，デッキの床板，屋根を覆う天膜の撤去など十分な災害対策が挙げられる．和歌山県の串本海中展望塔では，大型の台風が接近した際には，デッキ板だけでなくグレーチングの撤去も実施されていたが，ブセナ海中展望塔ではグレーチングまで撤去していない．海が時化ることが予測される場合には，内部の展望窓用金属製ハッチを閉めており，デッキ部分までしぶきがあがる際には休館日としている．海中展望塔の台風襲来時の様子と台風対策を写真5.3.14に示す．

　海中展望塔は台風だけでなく津波による影響も無視できないと考えられる．2010年2月28日に発生したチリ地震による津波対策としては，沖縄へ14時頃に到達するとの予報から昼から海中展望塔の営業を停止，出入口や展望窓のふたを閉め，付近の遊歩道も通行止めとするなどの対策を講じた．幸い津波による被害はほとんどなかった．しかし，津波対策としての明らかな基準を定めていなかったことから，現在，基準の制定について検討されている．

(a) 台風襲来状況（全景）

(b) 台風襲来状況（デッキ部）

(c) 台風対策（屋根膜の撤去）

(d) 台風対策（屋根膜撤去後）

(e) 台風対策（デッキ板の撤去）

(f) 台風対策（デッキ板の撤去後）

写真5.3.14　台風襲来時の様子と台風対策

(2) メンテナンス

2008 年，本体および連絡橋部分に腐食や付着生物が確認されるようになったため，沖縄を代表するリゾート施設として美観を損ねないよう改修工事が実施されている．写真 5.3.15 に海中展望塔本体の改修工事手順を示す．ブセナ海中展望塔付近の干満差が約 2m あることから干潮時を見計い足場を設置，ケレン作業により古い塗膜や腐食個所を除去している．下塗り塗装，保護材の塗布，仕上げ塗装を実施することで本体の改修工事を完成させている．

また，連絡橋部分についても，特に飛沫帯および海中部分で付着生物や腐食の影響を大きく受けていることから，美的色彩の確保と耐久性，耐水性およびメンテナンス性を向上させる観点から既存の鋼材部分に FRP 材を巻く工事も実施している．2008 年の改修工事前後の海中展望塔本体および連絡橋の外観は写真 5.3.16 に示すとおりで，改修後は美観を取り戻し，連絡橋の柱部分に FRP 材が巻かれていることが確認できる．さらに，外部の改修工事と同時に内部補修工事も実施された．

海中展望塔は湿度が籠り腐食しやすい環境であることから，海中展望塔の主要構造部材である中心鋼材内部を換気に利用し，塔上部に設置された機械室（最上部）で塔内全体の空調を管理している．また，海中展望塔内部の壁は全面的に断熱材に覆われている．

日常点検では，営業時間前に展望塔の内側から施設の水漏れや展望窓の透明度を確認し，外側から外部の損傷や防食亜鉛などの点検や交換をするための目視確認を，従業員 2 名体制で実施している．また，海中の展望窓への付着物（生物，汚れなど）については，写真 5.3.17 のようにダイバーが週に 2 回の委託業務として潜水し清掃作業を実施している．大型台風により海中展望塔付近の砂や小石が，海底地形が変化するほど舞い上がり展望窓に傷を付けることがある．そのため，時化が予想される際には安全性を考慮し展望窓のハッチを閉蓋している．また，明らかに傷が付いた展望窓については，ガラス部分の張替え作業も適宜，実施している．

海中展望塔本体および連絡橋は飛来塩分や黄砂などが原因となり，腐食しやすい環境下にさらされている．そこで，展望塔本体から連絡橋までを含めて塗装する作業を海中展望塔のスタッフ自ら点検し，随時ペンキ塗りをすることで腐食対策を実施している．連絡橋の柱は年間 3，4 回点検を実施し腐食部分のペンキの塗直しも行っており，足場作成のみは業者に委託し，それ以外は潮汐表を確認しながら工程を決定されている．

(a) 改修工事前の展望塔下部

(b) 足場の設置

(c) ケレン作業後の表面

(d) 下塗り塗装

(e) 保護材の塗布

(f) 仕上げ塗装

(g) 改修工事後の展望塔下部

(h) 改修工事後の展望塔

写真 5.3.15　海中展望塔本体の改修工事手順

(a) 改修工事前（2008年3月）

(b) 改修工事後（2008年7月）

(c) 内部

写真5.3.16　ブセナ海中展望塔の外観と内部

(a) 水中の海中展望塔

(b) ダイバーによるメンテナンス

写真5.3.17　海中でのメンテナンス

5.4 串本海中展望塔

5.4.1 施設概要

　串本海中展望塔の全景を写真 5.4.1 に示す．この海中展望塔は串本海中公園内に 1971 年 1 月に竣工された施設である．図 5.4.1 に設置場所を示す．展望塔はサンゴの群生する串本の沖合 140m に設置され，海中展望塔の上部からは餌をついばむ魚を観察，海中展望室からは水深 6.3m の海底の環境を観察できる．展望塔の概要を表 5.4.1 に，外部，内部の様子を写真 5.4.1~5.4.8 に示す．

表 5.4.1　串本海中展望塔の概要

施主	㈱串本海中公園センター
所在地	和歌山県東牟婁郡串本町錆浦
建築場所	串本錆沖合140m　水深6.3m
設計・施工	日立造船㈱
竣工	昭和46年1月
構造	鉄骨鋼板塔柱式展望塔
本体外壁	鋼板・電気防食・ペンキ
昇降方式	2系列螺旋階段
海中展望塔窓	丸窓直径30cm 40個
基礎構造	アンカーボルト形式
	直径0.1m・杭長1m・計30本
収容人員	50 名
設計波高	9 m

写真 5.4.1　串本海中展望塔全景

写真5.4.2　串本海中展望塔

図5.4.1　設置場所

写真5.4.3　連絡橋階段

写真5.4.4　連絡橋

写真5.4.5　上部デッキ（ゴム），上部デッキ（グレーチング）および上部デッキからの景観

写真5.4.6　展望室　　　　　写真5.4.7　海中展望　　　　　写真5.4.8　螺旋階段

5.4.2　立地環境

　串本海中公園は，1970年7月に日本で最初に指定された海中公園である．海中公園内では海中展望塔や水族館，半潜水型海中観光船，レストラン，ダイビングパークが運営されている．また，併設された錆浦研究所では，サンゴやウミガメなど海中公園周辺海域に住むさまざまな生き物に関する調査研究を長年行っており，水族館の展示や海中公園の保護と健全な利用に役立っている．海中展望塔で見られる魚を紹介する掲示板を写真5.4.9に示す．串本周辺の海域は黒潮の影響により年間を通して15℃を下回らない水温と高い透明度を誇り，熱帯魚や世界最北のサンゴの群落など美しい海中景観を一年中楽しむことができる[5.4-1]．水温，透明度の掲示板を写真5.4.10に示す．これらの環境条件から，2005年11月に串本沿岸海域はラムサール条約湿地として登録されている．

　串本海中公園へのアクセスは，南紀白浜空港より車で約60分，電車では串本駅からバスで13分である．都市圏からのアクセスは便利であるとは言いがたいが，海中公園の魅力は大きく年間で20万人程の観光客が訪れている．海中観光船を写真5.4.11に示す．

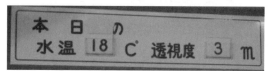

写真5.4.10　気象情報の掲示

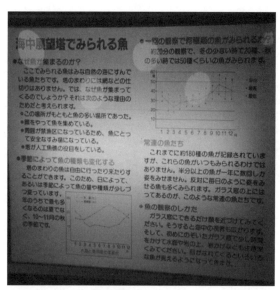

写真5.4.9　掲示板

写真5.4.11　半潜水型海中観光船

5.4.3　構　　造

　串本海中展望塔の基礎構造は，着底アンカーボルト方式が採用されており，展望塔全体は鋼板製全溶接円筒構造である[5.4-2]．構造一般図を図5.4.2に示す．海中展望室の内部空間の最大直径は，ほぼ同時期に建造された「白浜海中展望塔」や「ブセナ海中展望塔」の5mに対し7.6mと大きく，40個の窓が壁一面に配置されており現存する海中展望塔の中で最も多い．また，展望塔の防食対策として，電気防食および塗装を施している．

5.4.4　維持管理

　串本海中展望塔の海中の窓ガラスの清掃は，冬期は週1回程度，夏期はさらに頻繁に清掃されている．ペンキ塗りも特に波が入射する側は頻繁に塗り直しているが，全体的なペンキの塗り直しは約5年に1度実施している．また，水族館職員が日常的に点検作業を行っている．

　また，串本海中展望塔に影響を与える主な自然災害は台風であり，外洋からの波がそのまま押し寄せると，渡海橋などを含め施設全体に波の影響を受ける．2004年10月，台風23号により海中展望塔に渡る橋と展望塔に近い橋脚1基が波にさらわれ流出した．その橋脚が海中展望塔に接触し，リブが曲がってしまう被害があった．その後に渡海橋等の復旧を行い，翌年3月より営業を再開した．

　現在，台風や暴風の来襲に対して事前に，展望塔と渡海橋を結ぶブリッジの吊上げや，渡海橋，展望塔の入口にあたる床デッキに敷かれたマットやグレーチング，屋根の天幕等の撤去などを施している．

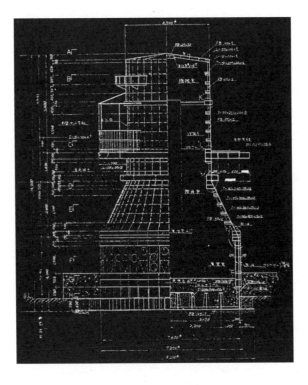

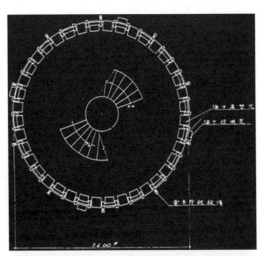

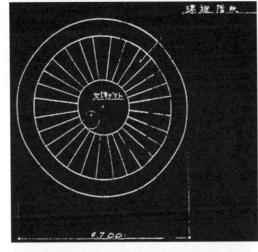

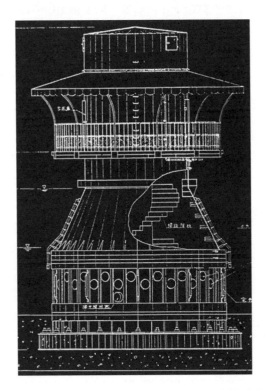

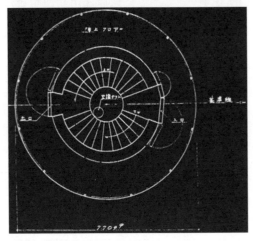

図5.4.2　構造一般図

5.5　玄海海中展望塔（建設時名称：波戸岬海中展望塔）

5.5.1　施 設 概 要

　玄海海中展望塔は，1974年（昭和49年）12月1日に財団法人海中公園センターの管理の下でオープンした．九州本土の再西北端に位置し，日本海側では唯一の海中展望塔であった．建設された地域は1956年に玄海国定公園として指定されており，建設地の波戸岬周辺は日本で最初の海中公園でもある．

　玄武岩の海底岩盤にアンカーボルトによって固定された基礎上に展望塔が設置されている．その規模は高さ20m，海中部の展望室の外径は9mで床面積は54m²になる．海上に突き出た塔の最細部の外径は4mである．潮位差が比較的大きな海域であり，最大水深は大潮の満潮時で6mを超えるが，大潮の干潮時には2m程度まで水深が下がる．展望塔全景を写真5.5.1に，概要を表5.5.1に示す．また外観，内観については写真5.5.2~5.5.8に，平面図，断面図および立面図については図5.5.1~5.5.3に示した．

5.5.2　施設の管理運用

　海中展望塔の管理は財団法人から鎮西町に移るが，経営の効率化を望む町と指定管理者制度の施行を受けて，2008年（平成20年）より株式会社休暇村サービスが実質的な管理・運用を行うことになった．なお，「唐津市国民宿舎波戸岬」が同企業により同じく運営されており，近代的宿泊施設と合わせて人工海浜も隣接する．

　海中展望塔の運用方法を模索する中で，単に海中見物をするための施設ではなく，小学生を対象とした環境教育の場にすることで，活用の幅を広げている．

　指定管理者であるため，利用料による収入のうち，2100万円は市へ支払われる．年間の利用者数の見込みは2008年度で6万人であった．1年に一度の定期検査ではおおよそ500万円を投じるが，数年に一度は1500万円ほど投じた大規模な修繕が行われる．主に表面塗装の塗替えや電気防食のための犠牲陽極の付替えなどである．

表5.5.1　玄海海中展望塔の概要

施主	財団法人玄海海中公園公社（建設当時）
所在地	佐賀県唐津市鎮西町波戸1082番地の1地先　　（旧東松浦郡）
管理者	財団法人海中公園センター（建設当時）
	唐津市鎮西町
	株式会社休暇村サービス（2008年より：指定管理者制度による）
建築場所	波戸岬沖合28m　水深約2~7m（86mの桟橋で接続）
設計・施工	日立造船㈱
竣工	昭和49年12月1日（オープン）
構造	鋼製全溶接円筒殻構造
本体外壁	鋼板・電気防食・防錆塗装（エポキシ系およびFRP
内装	耐火防音　防熱材仕上げ
昇降方式	2系列螺旋階段
海中展望塔窓	幅300mm，高さ700mm隅角部150mmRの展望窓 24個，強化ガラス
基礎構造	アンカーボルト：長さ13.2m，計32本
	十文字アンカー杭：長さ4.0m，計40本
総工費	4億8千万円

写真 5.5.1　玄海海中展望塔全景

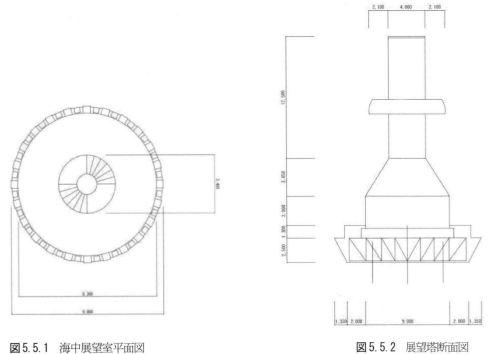

図 5.5.1　海中展望室平面図　　　　　　　　　　　　　　　　**図** 5.5.2　展望塔断面図

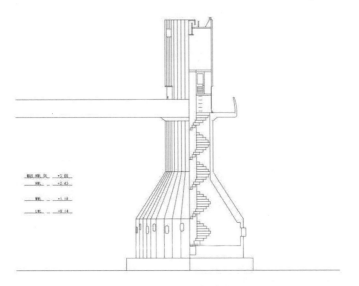

図 5.5.3　立面および階段部断面図

写真5.5.2　螺旋階段と内装

写真5.5.3　海中展望室天井部

写真5.5.4　海中展望室と展望窓

写真5.5.5　展望窓から見る海中

写真5.5.6　玄海海中展望塔全景

写真5.5.7　アクセス桟橋（海中展望塔側から陸側）

写真5.5.8　駐車場から望む海中展望塔

5.6　勝浦海中展望塔

5.6.1　施 設 概 要

　勝浦海中展望塔は，1978 年に着工し 1980 年に開館した．設置海域は海岸から約 60m の沖合の水深約 7m の地点である．勝浦海中展望塔の全景を写真 5.6.1 に，図 5.6.1 に全体断面図を示す．形状は波力，風力などの影響の低減に配慮した円筒形を基本としている．展望塔の全高は 26.7m であり，直径 13.4m の海上展望台と直径 12.7m の海中展望室で構成され，これらは上り下り専用に二重らせん階段により連絡されている．

　海中展望塔の内部の様子，眺望，渡海橋を写真 5.6.2〜5.6.7 に示す．海中展望室には長円形（φ30cm×60cm）の海中窓が 24 個あり，海中景観の指標となる海水の透明度は冬季で 20m，夏季で 7m である．室内は快適性とともに結露などに配慮して換気設備，冷房設備が配備されている．展望塔内には火災の発生要因はないが，不測の事態に備えて消火器が配備されている．海中展望塔へのアプローチは，周囲の陸や海の景観の楽しみに配慮して，連絡橋により周囲を迂回するルートで結ばれている．連絡橋は，長さ 85m の海上部の歩廊橋と長さ 110m の海岸上部の歩廊橋で構成されており，その最小の有効幅員は 1.8m である．

　なお，施設の概要については表 5.6.1 にまとめて示している．

5.6.2　立 地 環 境

　勝浦海中展望塔は，かつうら海中公園内に設置されている．公園整備の趣旨は，海中公園勝浦海中公園地区（1974 年環境庁指定）の保護を基調とし，その背後の陸域を利用基地とした海洋性の野外レクリエーションエリアとすることであった [5.6-1]．

(1) 自然環境

　展望塔周辺の海岸地形は海食性のリアス式海岸であり，展望塔は張り出した岩礁に挟まれている．展望塔の基礎は，凝灰質を含んだ泥岩上に設置されており，周辺の海底は砂および泥岩，沖側の海底勾配は 1/50 である [5.6-2]．

(2) 周辺施設

　千葉県立中央博物館の分館である「海の博物館」が隣接しており，海中公園と駐車場の共有を行なっている．海中公園には無料休憩所，海の資料館，レストラン，売店，チケット売り場，休憩スペース，オープンデッキ，管理棟がある．休憩所では軽食も販売されている．海の資料館は小規模であるが，周辺の環境や地域特性，海中展望塔の歴史を知ることができる．休憩スペースからは海中展望塔を眺めながら座って休憩できる場所である．オープンデッキは設置当初はグラスボートの発着場として考えられていたが，現在は海中展望塔と海を眺める場になっている．周辺施設の写真を 5.6.8〜5.6.11 に示す．

写真 5.6.1　展望塔全景

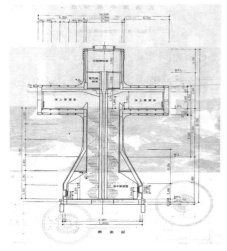

図 5.6.1　全体断面図

写真 5.6.2　海上展望台からの眺望

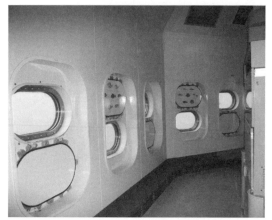

写真 5.6.3　展望塔内の海中窓

写真 5.6.4　渡海橋

写真 5.6.5　展望塔内のらせん階段

写真 5.6.6　展望塔内部

写真 5.6.7　展望塔内の消火器

写真5.6.8　海の博物館

写真5.6.9　レストラン(2F) 売店と入場券売場(1F)

写真5.6.10　海の資料館

写真5.6.11　無料休憩所

5.6.3　構造と建設

　勝浦海中展望塔の設計者は学習研究社であり，建造は日立造船株式会社が行った.

　設計用自然条件は，塔体と連絡橋ともに風速 60m/sec, 波高 6.53m である. 海洋環境下の耐久性に配慮して塔体はレジンモルタルで被覆し，干満帯より下の海水中の部分には電気防食を施している [5.6-2].

　連絡橋の桁は鋼製全溶接橋桁であり，橋脚は海上部が鋼製全溶接橋脚橋桁であり海岸上部はコンクリート橋脚である.

　塔体と渡海橋の建造は日立造船神奈川工場で行われ，それぞれ完成状態でバージに搭載して現地まで曳航の後に，フローティングクレーンを用いて設置した.

5.6.4　避　　難

　勝浦海中展望塔は，現在の建築基準法に規定されている 2 方向避難に対して既存不適格となっているが，地震および津波発生時の場合の対策として次のように手順を取り決めている [5.6-3].

①館内放送で呼びかけを行ない，担当者は直ちに海中展望塔に降りて入場者の避難誘導をする.

②入場者を応援職員に引き継ぐ.

③津波に備え展望塔の入口を閉める.

④職員待避

　また，管理室との連絡に際し常に無線機を携帯すること，さらに負傷者等が発生した場合は消防署および海上保安署に応援の協力を依頼することを取り決めている.

表5.6.1　施設概要一覧

名称	勝浦海中展望塔
所在地	千葉県勝浦市吉尾174
設計	マスタープラン：㈱学習研究社，塔体：日立造船㈱
施工	日立造船株式会社
工期	1978年9月〜1979年3月（設置工事）
管理者	財団法人千葉県勝浦海中公園センター
施設概要	海上展望台，海中展望室，連絡橋
主要規模	規模　底部φ12.7m、上部φ13.4m
	海面高　M.W.L+17.7m(全高24.4m)
	構造　全溶接鋼殻構造アースアンカー形式
設計条件	波浪：波高　6.53m(砕波波高)，周期　14.0sec
	風速：風速60m/sec，地震
面積	建築面積　海中100.7㎡、海上173.2㎡
	延床面積　273.9㎡
	海中窓　24個　・収容人数　海中50人
アクセス	連絡橋（延長195m）
準拠法規	漁業法，消防法，海上交通安全法，建築基準法，海岸法、航路標識
建設費	7.5億円

5.7　紋別港氷海展望塔（オホーツクタワー）

5.7.1　紋別市の概要

　紋別市は，水産業・農業（酪農・畑作）を基幹産業とする人口約 2 万 5000 人の都市である．図 5.7.1 に示すように北海道のオホーツク海沿岸のほぼ中央に位置し，日本で唯一の氷海域である海の特性を活かした，流氷を主役とした観光開発に力を注いでいる．紋別市の歴史は，オホーツク海沿岸の数少ない天然の良港として，貞享年間（1684～1687年）に松前藩の直領としていた宗谷から斜里へ至るオホーツク海沿岸の寄港地として利用したのが始まりといわれている．明治 13 年に紋別村外 9 カ村戸長役場を設置し，以後，沿岸漁業の活性化や道路の開削，国鉄の寄線の開通により，人口が増加し，産業経済の要所として発展，現在に至っている．写真 5.7.1 に紋別港氷海展望塔の全景を示す．

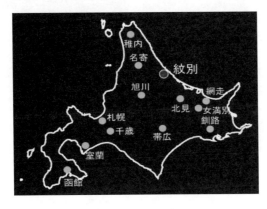

図 5.7.1　紋別市位置図

5.7.2　流氷破氷船 ガリンコ号Ⅱの概要

　「ガリンコ号Ⅱ」は，アラスカの油田開発用に試験的に作られた砕氷船で，2004 年 11 月に北海道遺産の認定を受けた．ガリンコ号Ⅱを写真 5.7.2 に示す．ガリンコ号Ⅱは，図 5.7.2 に示す紋別市海洋公園内に立地する「海洋交流館（ガリンコ号ステーション）」より出発し，所定の運行路を周遊しながら，冬のオホーツク沿岸に押し寄せ，沿岸を白一色に埋め尽くす「流氷」をドリル・アルキメディアンスクリューでガリガリ砕きながら進むことで，「流氷の作り出す白銀の世界」や「流氷のもたらす恵み」を求めて集まる天然記念物のオオワシやオジロワシなどの動物を眺める等，オホーツク海の雄大な自然を体感・体験することができる．

写真 5.7.1　紋別港氷海展望塔全景

写真 5.7.2　流氷砕氷船 ガリンコ号Ⅱ

写真 5.7.3　海洋交流館

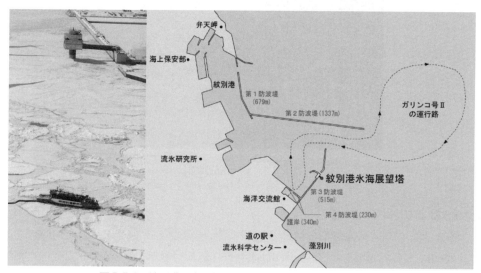

図 5.7.2　紋別港氷海展望塔の位置図とガリンコ号Ⅱの航路図

5.7.3　紋別港氷海展望塔建造に至る経緯

　氷海観測・氷海科学技術の総合研究開発（オホーツク・プログラム）構想に基づき建造された「紋別市氷海展望塔（オホーツクタワー）」は，日本で唯一流氷下の海を観測できる施設であり，氷海観測や氷海海洋科学技術の実験およびデータの収集が行える設備やシステムを導入している．また，親水を目的とした第三防波堤と併せて沿岸の漁業や観光振興にも役立てることも目的としている．

5.7.4　第三防波堤（親水防波堤）

　第三防波堤（親水防波堤）は，図5.7.3のように総延長515mの2階構造となっており，①景観，②安全，③機能，④意識の観点から親水機能を有することを目的としている．

a. 安全面，機能面

　防波堤を半ドーム型とし，気象・海象が急変した場合の非難通路を設けるとともに，散策者の安全性に配慮した防波堤高さの設定を行っている．

b. 景観，意識面

　散策者が流氷を間近に見られるように張り出し部を設けるとともに，魚釣り利用を考慮した消波工を持たない混成堤を選定するなどの配慮が見られる．特に，防波堤の壁面においては，写真5.7.4のように流氷の成長過程を追うように，「氷晶」「蓮葉氷」「氷塊」「海明け」の4ゾーンに分けてデザイン化することで，散策者を氷海展望塔に誘導する工夫がされている．

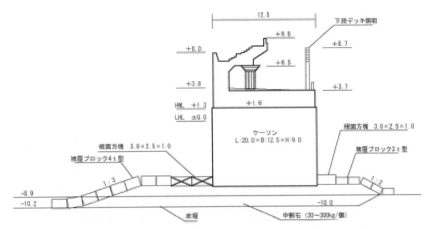

図5.7.3　デッキ部標準断面図

写真5.7.4　第三防波堤（蓮葉氷）

5.7.5　氷海展望塔（オホーツクタワー）

　氷海展望塔は，図5.7.4に示すように第三防波堤の3階とオホーツクタワーの1階を渡海橋によって接続する方式となっている．平面形状は，図5.7.5のように海底部が外径23mの円形であり，中心部に階段やエレベータ等を包括した外径9mの円形コアを1階床まで立ち上げている．1階および2階は一辺が20.4mの正方形，3階は外径約20.5mの円形，4階が外径約8.6mの準円形となっている．オホーツクタワーは下部構造，上部構造，渡海橋の3構造からなり，構造的な特徴として以下の点が挙げられる．

①全国に建造されている海中展望塔（6か所）が全て鋼製構造であるのに対して，氷海展望塔の下部構造は鉄筋コンクリート構造である．

②流水の作用を受け，腐食環境が厳しい海水面付近（飛沫帯）を鋼とコンクリートのハイブリッド構造とし，腐食対策としてチタンクラッド鋼によるライニング工法を採用している．

③建築物中央に位置する円形コア（エレベータおよび階段）部分はプレキャストコンクリート工法を採用している．

④渡海橋は，展望塔1階鉄骨部分と第三防波堤先端のトリプルデッキ付近で支持する構造とし，防波は基礎マウンドの沈下，波力による本体の移動が考えられることから，展望塔側の支点を固定支承，防波堤側の支点を稼動支承としている．

　なお，本施設の施工時は，極寒期（最低気温－20.0℃）であったため，コンクリートの配合や任意の温度条件を保つための努力がみられた．

　写真5.7.5に示すように展望塔内には「流水観測機器室」が設置されるとともに，写真5.7.6のように映像を用いて流水を学ぶための映像展示室など，様ざまな学習施設が整備されている．

　また，写真5.7.7は海中階にある海中展望観測室であり，斜窓を通じて流水を観測することができることから「日本で唯一流氷を海底から観測できる施設」と呼ばれている．斜窓からは流氷下の生物以外にも，秋には遡上前のアキアジ（シロザケ）などを魚の視点で見物することもできる．

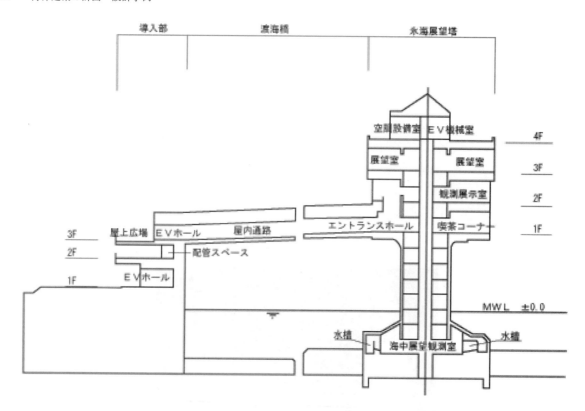

図5.7.4　氷海展望塔構造図

写真5.7.5　流氷観測機器室

写真5.7.6　映像展示室

写真5.7.7　海中展望観測室（斜窓）

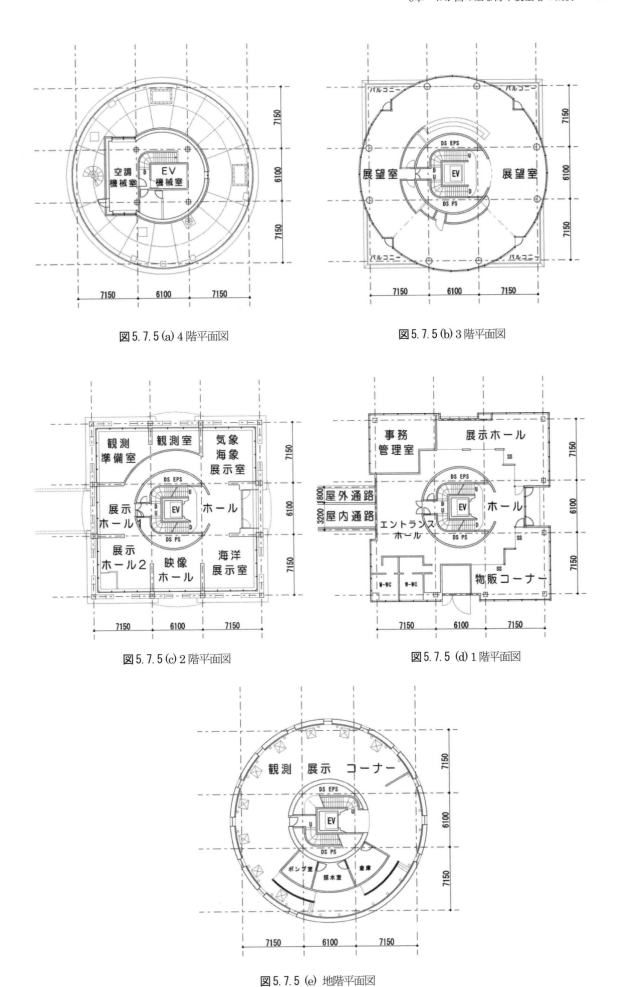

図5.7.5(a) 4階平面図

図5.7.5(b) 3階平面図

図5.7.5(c) 2階平面図

図5.7.5(d) 1階平面図

図5.7.5(e) 地階平面図

5.7.6 補足資料

紋別氷海展望塔に関しては，海洋建築委員会傘下の2つの小委員会が当該展望塔の計画的観点と構造的観点からそれぞれ調査を行っていた．前項までは計画的観点からの調査結果を記載したが，ここでは補足資料として構造的観点からの調査結果を掲載する．

1. 海洋建築物の概要

a. 一般情報データ

(1) 名称：紋別港氷海展望塔（オホーツクタワー）

(2) 用途：海洋観測（氷海科学技術の研究施設および情報発信拠点）

(3) 建設年：1995年（平成7年）

(4) 建設地：北海道紋別市港湾区域内

(5) 設計：(社)港湾技術研究センター，(株)石本建築事務所

(6) 施工：五洋・西村・東亜・大道共同企業体

b. 設計データ

(1) 敷地面積：不明

(2) 建築面積：1,265 ㎡

(3) 延床面積：2,344 ㎡

(4) 容積率：不明

(5) 高さ：軒高　34.40m，最高部　34.65m

(6) 階数：地下1階，地上4階

2. 建築計画概要

紋別港氷海展望塔は，海洋観測や氷海科学技術の総合的な研究開発施設を整え，氷海海洋科学技術の情報発信拠点として計画された建物である．建設位置は，紋別港港南地区の第三防波堤の外港側で，陸地から約1000m 第三防波堤から40m 離れた地点である．

建物の立面図を図5.7.6に，平面図を図5.7.7に示す．建物の全体平面形状は地下階が23mの円形で，この中心に階段，エレベータを内包した9mの円形コアを1階まで立ち上げ，1,2階が1辺20.4mの正方形，3階が外径20.5mの円形，4階が8.6mの準円形の平面形状である．

3. 構造計画概要

本建築は地下1階・地上4階建てで，中水位面を基点として最高部の高さは37.85mとなる．地階床は中水位面から8.15m，基礎床は同じく13.45mの深さで，この基礎は海底面から地盤内に約7.0m 根入れしている．

下部構造は鉄筋コンクリート造で，主架構は直径9mの円筒壁で構成し，基礎面から上部10.50mの間は心を合わせた直径23mの円筒壁を追加して剛性と安全性を確保した．これらをつなぐ床スラブは，上部の応力を支障なく伝達できる厚さとされた．

上部構造は下部への荷重軽減と施工の容易さを考慮して鉄骨造とし，ブレース付ラーメン架構とされた．上部の荷重を，円筒壁頂部に配した4本の柱から下部に伝達される．四周のはね出し部分は，引張りブレースによる片持ち架構とし，長期の変形量も使用上支障ないようにされた．地震や暴風時の水平力に対しては，X，Y両方向ともにブレースで抵抗させるよう設計された．平面計画上ブレースを設けられないところは柱の中間に梁を設けて剛性を高めたほか，ねじれの少ない架構とされた．

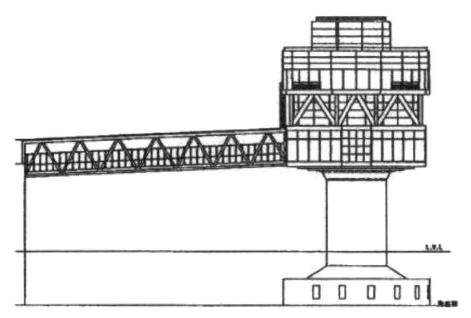

図5.7.6　立面図

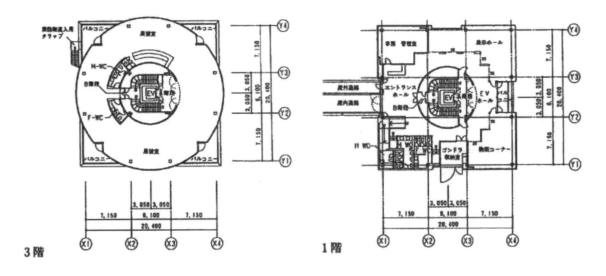

図5.7.7　平面図

4. 構造設計概要

a. 上部構造

　構造設計は原則として弾性解析に基づく許容応力度法により，破壊に対する十分な靭性も確保するよう配慮した．本建築物の設計用自然環境荷重の再現期間は，構造物の重要度を考慮して再現期間を100年に統一した．具体的にはは以下のとおりである[5.7-4]．

(1) 風荷重

　紋別測候所における30年間の年最大風速値をもとに，風荷重をV=26.7m/sとされた．この値は「海洋建築物構造指針」（日本建築センター）や「海洋建築物構造指針」（日本建築学会）による設計風速の下限値より小さいため，設計にはこの下限値を採用し設計風速を35.0m/sと設定された．

(2) 波力

　本建築物は北海道開発局が建設した紋別港港南地区の第三防波堤の外港側にあり，観測した波浪情報を参考に，有義波高 H1/3= 6.3m，有義周波 T1/3=12.5s が採用された．

(3) 地震力

　本建物の敷地の地震記録から，地震危険度の小さい地域であることを確認された．しかし，不測の地震に対してその建設環境から保守点検や補修が困難であることも考慮しなければならないことから，静的解析に用いる地震荷重の大きさについて，標準せん断力係数 C_0= 0.3，地域係数 Z=0.8 と定められた．

　なお，地上部のせん断力分布は A_i 分布とし，海中部には動水圧の効果を付加質量として考慮された．

(4) 氷圧力

　氷圧力の公式を，ここでは建設地に近い海域での研究結果に基づいた下記の佐伯の式が採用された．

$$F = (5 \cdot \sigma_n \cdot h \cdot \sqrt{D})/1000$$

この式において F:氷圧力(ton)，σ_n：海氷の一軸圧縮強度(kg/cm²)，D：構造物の直径(cm)，h：氷厚(cm)を示す．

　本建物の設計用氷圧力の算定では，海氷の一軸圧縮強度 σ_n= 2.0N/mm²，氷厚 h=0.8cm が採用された．なお，下部構造については，作用する荷重状態が複雑であること簡便な解析モデルの構築が困難であったことからFEM解析により応力状態の確認が行われた．

b. 基礎

　基礎については，建築地の地質は主にジェラ紀～三畳紀の頁岩層を基盤であり，第四期の沖積～海浜堆積物である砂，砂礫等が 2～3m の厚さで覆っており，このうち頁岩層の N 値は 50 以上で本建築物を支持するのに十分な強度と剛性があると判断し，この層に建物の基礎を床付けられた．

c. 施工概要

　工期は，1994年（平成6年）9月に着工し，1995年（平成7年）12月に竣工した．施工期間は延べ16か月となっている．工期に対する条件や建設地の制約等に基づいて施工法を検討した結果，建物を基礎および下部（鉄筋コンクリート造，約45,000kN），上部（鉄骨造，約19,000kN），渡海橋（鉄骨造，約3,500kN）に三分割してそれぞれ別敷地で製作し，最後に建設地で合体する方法が採用された．具体的には，基礎と下層部はフローティングドッグ上で，上層部および渡海橋は内外装・設備の工事を含め岸壁上で施工し，短期間で一挙に下部と上部の構造を接続する施工法である．

d. 維持管理概要

　建物の維持管理のため，関係法令に基づいた検査を受けるほか，あらかじめ定めた種々点検項目と内容を定め，それに基づく点検を行うこととされている．点検は原則として，年一回の総点検のほか，当該施設に強大な外力が作用する等の異常な状況があった場合に行うものとされている．

5.8　海中展望塔全体に対する注目点

5.8.1　防災対策

　不特定多数の人々が訪れる海中展望塔，展望塔本体，渡海橋，設備，そして展望塔周辺の海底地形の損傷は，人命の安全に直接関わることから防災対策について十分に検討する必要がある．また防災対策は災害の発生や拡大，二次発生を防ぐためのもので，その措置を従業員全員で熟知し徹底する必要があり定期的な訓練が必要となる．台風，地震，津波・高潮，その他（流木，漁船，船舶の異常接近や衝突，オイル汚染を想定）に共通した安全対策を表5.8.1に示す．

表5.8.1　安全対策

対策	内　容
気象・海象の	テレビ・ラジオ・気象台・測候所・地元の防災対策態勢からの収集，
情報収集	独自の風速計・波高計の観測装置の設置
営業中止	閉館の目安となる風速・波高を設定
避難	陸上までの安全避難誘導，高台または安全地域までの避難路確保
警戒と点検	気象・海象データによる警戒態勢，展望窓の覆い，
	可動ブリッジ・天蓋・敷物などの取り外し，静穏後の総点検
報告	事故発生の関係先への連絡，地域防災体制との連携
復旧	早期現状回復と被害拡大防止，補強措置

5.8.2　海中展望塔のメンテナンス

　防災対策でも記述したとおり，海中展望塔の損傷は人命の安全に関わるため，メンテナンスについても十分に検討する必要がある．メンテナンスの具体的な内容には，日常的な自主点検や関係法令による検査などの定期的な検査，台風や津波などの異常事態に実施する点検が挙げられる．点検内容について表5.8.2にまとめる[5.8-1),5.8-2)]．

5.8.3　将来的な維持管理対策

　海中展望塔は建設後30〜40年経過しているものが多く，これらを適切に維持，補修，補強しながら有効活用していく必要あり，かつ経年変化に伴う補修費用の最小化が重要な課題となっている．国土交通省が港湾施設全体の事業費についてまとめた資料[5.8-3)]によれば，2005年からの事業費の伸び率を0と仮定しても，2025年には維持，修繕，更新費が現状の2.5倍程度となり，総事業費の50%弱に相当する額に達すると予測されており，近年では構造物に対するアセットマネジメントの導入[5.8-4)]が検討されている．アセットマネジメントとは構造物を資産と捉え，その損傷・劣化などを中長期的に把握することで最も費用対効果の高い維持管理を行う概念である．海中展望塔は厳しい気象，海象環境にさらされる特殊な環境条件に設置されるため，損傷や腐食を含めた構造部材の劣化が著しく維持管理費用の増大が予想される．そのため，アセットマネジメントを正確に実施するためには「疲労センサ」や「腐食環境センサ」など[5.8-5)]を用いて，より精度の高い劣化予測を実施することが重要と考えられる．

表5.8.2　点検項目と内容

点検施設	点検部位	内容	検査方法
展望塔本体	上部工（空気中）	構造部材，接合部，塗装状況，発錆，観覧デッキ部分	目視検査
			物理試験
	下部工（海中）	外部の亀裂と防水，内部の亀裂と漏水，極稀荷重作用による損傷	目視検査
			ダイバーによる検査
			物理試験
	展望窓	強化ガラス・アクリル材・取り付けフレームの損傷，漏水，発錆	目視検査
			ダイバーによる検査
	基礎	洗堀，滑動・沈下（重力式）	ダイバーによる検査
	設備	階段，手すり，エレベータ，設備用パイプ，空調給排水設備，電気設備（標識，照明，通信），避雷設備 防災設備（消火器・消火栓，自動遠隔システム）	目視検査
			位置と動作確認
			取り外し検査
渡海橋		展望塔本体との接合部，構造部材，塗装，設備用パイプ，洗堀，岩石移動による損傷	目視検査
			ダイバーによる検査
			物理試験
海底形状		海底形状，傾斜変化，岩石の移動，	ダイバーによる目視検査
海中造園		海中生物へのダメージ	
防波堤		構造全体，洗堀，滑動，沈下	目視検査
			ダイバーによる検査

参考文献

5-1) 五十嵐太郎, 磯達雄：ぼくらが夢見た未来都市, p.48, PHP選書, 2010

5-2) 五十嵐太郎, 磯達雄：ぼくらが夢見た未来都市, pp.60-61, PHP選書, 2010

5-3) 白浜海中展望塔の利用者からは「6メートル下の海中を見ることができ楽しめました．魚の種類も絵で説明されており, わかりやすかったです．」「まるでドラゴンボールの神様の神殿のようです．」などの楽しんだコメントも寄せられている．クチコミじゃらん観光ガイドnet, 2010.11

5.1-1) 日本建築学会：建築学用語辞典, 岩波書店, 1999

5.1-2) 森正志：海洋建築物を巡って, ビルディングレター, pp.4-9, 1989.2

5.1-3) 森正志：海洋建築物安全性評価指針について」, ビルディングレター, pp.1-3, 1990.5

5.1-4) 日本建築センター：講習会テキスト海洋建築物安全性評価指針, 2000.4.

5.2-1) アクアリゾートホテルシーモア：白浜海中展望塔ひとくちメモ

5.3-1) ブセナリゾートHP「開発基本計画」, http://www.mco.ne.jp/~busena/

5.3-2) ブセナ海中公園HP「海中展望塔」, http://www.busena-marinepark.com/

5.3-3) 日本海洋開発建設協会, 海洋高次技術委員会, ：我が国の海洋土木技術, p.213, 海山堂, 2007

5.3-4) 気象庁HP「過去の台風資料」http://www.data.jma.go.jp/fcd/yoho/typhoon/index.html

5.4-1) 串本海中公園HP「施設の沿革と概況」http://www.kushimoto.co.jp/

5.4-2) 日本海洋開発建設協会, 海洋工事技術委員会：我が国の海洋土木技術, p.213, 海山堂, 2007

5.6-1) 山口吉暉, 渡鍋正昭：千葉県勝浦海中公園海中展望塔建設工事, 建設の機械化, pp.45-49, 日本建設機械化協会, 1979.12

5.6-2) 戸田成人, 加藤敏夫：海中展望塔の基礎工事, 土木技術, 36巻11号, pp.75-82, 1981.11

5.6-3) 稗貫峻一：勝浦海中展望塔の維持管理の現状と持続可能な運営の考究, 日本大学理工学部海洋建築工学科卒業論文, 2010

5.7-1) 関口信一郎, 竹内逸郎：流氷研究国際都市を目指して～紋別港氷海展望塔と海の散歩道・第3防波堤～, 土木技術, 50巻7号, pp.43-52, 1995.7

5.7-2) 佐藤完久：紋別港における氷海展望塔・親水防波堤の建設について, 第40回北海道開発局技術研究発表会, pp.43-52, 1996

5.7-3) 図面等資料および航空写真等の提供
オホーツク・ガリンコタワー株式会社 兼田秀哉氏（当時営業課長）, ・永田隆一氏（タワー担当係長）

5.7-4) 向山松秀：紋別港氷海展望塔（オホーツクタワー）の構造設計, 日本建築学会海洋建築ミニシンポジウム資料「建築構造設計者から見た海洋建築物の設計と維持管理」, pp.31-37, 2007.11

5.8-1) 内部資料, 紋別市役所, ㈳寒地港湾技術センター, ㈱石本建築事務所, 「紋別港氷海展望塔」, 2003.12

5.8-2) 玄海海中公園公社, 玄海海中公園公社事業基本計画調査報告書, 1972.12

5.8-3) 国土交通省港湾局, ：安全で経済的な港湾施設の整備・維持・管理システムのあり方 中間報告 参考資料, 交通政策審議会, 港湾分科委員会, 安全・維持管理部会, p.5, 2006

5.8-4) 梶修：海洋構造物の維持と更新技術, ベース設計資料, No.140 土木編, 寄稿文, pp.44-46, 2009

5.8-5) 川口喜史ほか：橋梁の建設からメンテナンスへ―橋梁診断技術―, 川崎重工技報, 157号, pp.16-19, 2005.1

6章 おわりに

　繰り返し述べてきたように，海洋建築委員会は新しいタイプであり海洋空間利用を目的にした海洋建築物に適合しした設計指針として，「海洋建築の計画・設計指針」を刊行し，シンポジウムも同時に開催し通して広く「指針」の内容を公開してきた．しかし，これまでの経緯に見られるように，当然陸域の建築物に比較して，海洋建築物が計画・設計・施工されることはそう多くはないようである．そこで，海洋建築委員会の活動は津波防災の調査・研究と並行して，わが国に存在する海洋建築物に対して「指針」が述べている″サイト選定とシステム選定に対する作用リスクおよび影響リスクを最小化し，それによって獲得できるベネフィットを最大化した海洋建築物を設計する″ 方針が適用されているか否かを検証することにより，わが国の既存の海洋建築の再評価を試みた．

　その結果は，表3.1.2に厳島神社，表3.2.1に足摺海底館，表3.3.4にぷかり桟橋そして，表3.4.8にT.Y.HARBAOR River Lounge の計画と設計のマトリックスに同じフォーマットでまとめてある．

　調査の対象とした4基ともサイト選定に関しては，静穏な海域にあり，着底式の場合は良好な地盤の上に設置されていることがベネフィットとして挙げられている．システム選定では，ベネフィットとして波浪に対する配慮と陸域へのアクセスが確実に確保されているし，浮体式ではドルフィンアンカーにより潮位に配慮がされている．

　一方，作用リスクと影響リスクに関しては，台風による影響，火災の影響，船舶の衝突そして自然環境への影響と夜間の光害への懸念が挙げられている．また，木造および鋼構造からなる海洋建築物は，塩分を多量に含む海水に対する水密性と防食に対して配慮しており，さらに浮体式に関しては，転覆のリスクを軽減させるため，水密区域を設け復元性を確保している．

　陸域の建築に比べ，海域に設置されることによるリスクは確かに見受けられるが，いずれの海洋建築物もリスクを軽減するための対処がなされている．これらの海洋建築物を使用性の観点から考えると，確実に海にあることで人が集う観光施設になり得ているように思われる．そのためには，海洋建築物までのアクセスは非常に重要であることがわかる．本書で取り上げた海洋建築物はいずれも現在も人々が集う施設であり，現役で運営されていることを考えると，アクセスに関して利便性が確保されているはずである．

　海洋建築物が一般的に知られたのは沖縄海洋博で設置されたアクアポリスであろう．海に浮かぶ住空間と社会空間を提供するわが国初の本格的な海洋建築物であり，未来に希望を見た計画であり海洋建築物の先駆けであった．本書の4章と5章で紹介したように，その後，わが国には多くの海洋建築物が設計・施工されてきたが，それらの海洋建築物は明らかに陸域の機能を補完する機能を備えており，いわゆる都市機能補完型海洋建築となっている．

　しかし，海域実験のみで実際には施工されなかった場合や，施工されてもすでに解体撤去された海洋建築物も多くある．こうした事実を踏まえ，本書で紹介した海洋建築物のさまざまなデータが，今後のわが国の海洋空間利用に生かされることを期待するものである．

海洋建築の計画・設計事例

2020年3月10日　第1版第1刷

編集著作人　一般社団法人　日本建築学会
印 刷 所　昭和情報プロセス株式会社
発 行 所　一般社団法人　日本建築学会
　　　　　108-8414　東京都港区芝 5 − 26 − 20
　　　　　電　話・（03）3456 − 2051
　　　　　F A X・（03）3456 − 2058
　　　　　https://www.aij.or.jp/
発 売 所　丸善出版株式会社
　　　　　101-0051　東京都千代田区神田神保町 2-17
　　　　　神田神保町ビル
　　　　　電　話・（03）3512 − 3256

ⓒ 日本建築学会 2020

ISBN978-4-8180-3481-9　C3052